高等工科学校教材
智能制造类产教融合人才培养系列教材

# 工业机器人编程技术

主　编　王冬云　宋星亮
副主编　邵金均　兰　虎
参　编　蒋永华　孔德彭　马继杰

U0239304

机械工业出版社

本书重点讲解了工业机器人集成设计过程中的重要组成部分——离线编程与仿真的相关基础知识、主要工具及应用案例，充分体现了产教融合的新工科人才培养理念，以培养学生解决机器人系统应用中复杂问题的能力。本书内容安排上充分尊重学生的认知规律。首先，围绕工业机器人的编程方式、坐标系原理、编程指令等基础知识安排学习任务；其次，介绍工业机器人仿真工具ROBOGUIDE的基本功能及使用方法，以机器人基础练习工作站为例详细讲解了仿真工作站及常用外围部件的创建方法，并以此仿真工作站作为练习平台，验证相关基础知识；最后，以产业与技能培训中常用的多功能机器人练习工作站、弧焊机器人、等离子切割机器人，以及多机器人协同工作站等典型产教融合应用案例为对象，介绍工业机器人离线编程与仿真技术。

本书的主要读者对象为机器人工程、智能制造工程、机械设计制造及其自动化、机械电子工程、自动化专业的本科生，以及机器人技术及应用专业的高职高专学生和从事工业机器人方向工作的科研技术人员。

**图书在版编目（CIP）数据**

工业机器人编程技术/王冬云，宋星亮主编． —北京：机械工业出版社，2022.6（2024.7重印）
高等工科学校教材　智能制造类产教融合人才培养系列教材
ISBN 978-7-111-70917-6

Ⅰ．①工…　Ⅱ．①王…②宋…　Ⅲ．①工业机器人-程序设计-高等学校-教材　Ⅳ．①TP242.2

中国版本图书馆CIP数据核字（2022）第095916号

机械工业出版社（北京市百万庄大街22号　邮政编码100037）
策划编辑：余　皡　　　　责任编辑：余　皡
责任校对：梁　静　刘雅娜　封面设计：张　静
责任印制：张　博
北京建宏印刷有限公司印刷
2024年7月第1版第2次印刷
184mm×260mm·13.5印张·331千字
标准书号：ISBN 978-7-111-70917-6
定价：43.80元

电话服务　　　　　　　网络服务
客服电话：010-88361066　机 工 官 网：www.cmpbook.com
　　　　　010-88379833　机 工 官 博：weibo.com/cmp1952
　　　　　010-68326294　金 书 网：www.golden-book.com
**封底无防伪标均为盗版**　机工教育服务网：www.cmpedu.com

# 前　　言

"中国制造2025"发展战略的实施，在全国高校掀起了新工科建设的热潮。近些年高校申报的新设专业数量排前六的专业中，五个为新工科专业，其中机器人工程专业有200余所高校设立，智能制造工程专业有260余所高校设立，工业机器人相关课程是这两个专业的主干课程。然而，适用于本科和高职高专阶段的工业机器人基础的相关教材目前还较为欠缺。本书是在实施国家发改委产教融合项目"浙江师范大学轨道交通、智能制造与现代物流产教融合实验实训基地"建设顺利完成的基础上，总结浙江师范大学与上海FANUC机器人有限公司、浙江摩科机器人科技有限公司等知名企业进行深度融合的人才培养的经验后，编写而成的。在内容选取上充分体现了产教融合、教研结合理念，进一步提高了本教程的实用性、前沿性和系统性。

全书共10章：第1章总体介绍了工业机器人编程技术与应用的发展情况；第2章讲解了工业机器人的常用坐标系，包括用户坐标系、工具坐标系，并以搬运机器人和弧焊机器人为例介绍了坐标系的设置方法；第3章介绍了如何创建、管理和测试机器人程序，并以搬运机器人、弧焊机器人为例介绍了其轨迹编程及程序测试过程；第4章详述了FANUC工业机器人编程的基本指令、使用方法及应用实例；第5章介绍了工业机器人离线仿真软件ROBOGUIDE的安装方法、功能及基本操作界面；第6章以机器人简易练习仿真工作站为例，讲解了工作站外围设备、机器人拓展部件、附加轴的添加方法并进行了任务实操练习；第7章~第10章，分别介绍了机器人基础练习仿真工作站、弧焊机器人仿真工作站、等离子切割机器人仿真工作站、多机器人协同仿真工作站，内容贴近产教融合型案例式教学的要求。

参与本书编写的有浙江摩科机器人科技有限公司的宋星亮总经理，浙江师范大学王冬云、邵金均、兰虎、蒋永华、马继杰以及浙江工业大学孔德彭。本书由王冬云、宋星亮担任主编，确保内容在符合生产实际需求的同时又具有一定的理论深度，以充分体现产教融合特色。

本书编写过程中得到了工业机器人产业界和学术界许多专家、学者的支持和帮助，特别是上海FANUC机器人有限公司公共教育科、培训中心的工程师，浙江师范大学许雯珺、吴瀚洋博士和翁睿迪、刘子谋、高鸿彬、杨凌同学，浙江摩科机器人科技有限公司的张朝

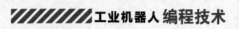

西、宋晓虎工程师，为本书提出了很多宝贵的意见，在此表示衷心的感谢。

本书获浙江师范大学新形态教材建设基金立项资助。

由于编者水平有限，书中难免有错误和不妥之处，敬请读者批评指正。

编　者

# 目 录

第 **1** 章

Chapter

绪　　论

## 1.1　任务介绍

了解工业机器人的编程内容和常用的工业机器人编程方式，在掌握机器人编程方式的基础上分析编程技术的发展方向，学习工业机器人离线编程与示教编程的区别和特点，进而熟悉机器人示教器的操作和使用。

## 1.2　任务一：了解工业机器人的编程方式

工业机器人编程主要有三种编程方式：示教编程、离线编程以及自主编程。在当前机器人的应用中，手工示教编程主要应用在机器人焊接领域，离线编程适合结构化焊接环境，但对于轨迹复杂的三维焊缝，手工示教编程不但费时而且也难以满足焊接精度要求，因此在视觉导引下由计算机控制机器人自主编程取代手工示教编程已成为发展趋势。

### 1.2.1　示教编程技术

示教编程技术也称为在线编程技术，包括：在线示教编程、激光传感辅助示教、力觉传感辅助示教、专用工具辅助示教。

**1. 在线示教编程**

通常由操作人员通过示教盒控制机械手工具末端（机器人）到达指定的姿态和位置，记录机器人位姿数据并编写机器人运动指令，完成机器人在正常工作中的轨迹规划、位姿等关节数据信息的采集、记录。示教盒示教具有在线示教的优势，操作简便直观，机器人示教盒如图1-1所示。

**2. 激光传感辅助示教**

在空间探索、水下施工、核电站修复等极限环境下，操作者不能身临现场，焊接任务的完成必须借助于遥控方式。在极限环境下，环境的光照条件差，视觉信息不能完全反馈现场的情况，采用立体视觉作为视觉反馈手段，示教周期长。采用激光视觉传感能够获取焊缝轮廓信息，反馈给机器人控制器实时调整焊枪位姿跟踪焊缝。哈尔滨工业大学高洪明等提出了用于遥控焊接的激光视觉传感辅助遥控示教技术，克服了基于立体视觉显示遥控示教的缺点。通过激光视觉传感

图1-1　机器人示教盒

提取焊缝特征点作为示教点，提高了识别精度，实现了对平面曲线焊缝和复杂空间焊缝的遥控示教（图1-2）。

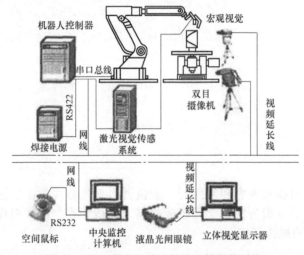

图1-2　基于激光辅助示教的遥控操作系统

### 3. 力觉传感辅助示教

由于视觉误差，立体视觉示教精度低。激光视觉传感能够获取焊缝轮廓信息，反馈给机器人控制器实时调整焊枪位姿跟踪焊缝，但也无法适应所有遥控焊接环境，如工件表面状态对激光辅助示教有一定影响，不规则焊缝特征点提取困难。为此，哈尔滨工业大学高洪明等提出了"遥控焊接力觉遥示教技术"，采用力传感器对焊缝进行辨识，系统结构简单，成本低，反应灵敏度高，力觉传感器与焊缝直接接触，示教精度高。通过力觉遥示教焊缝辨识模型和自适应控制模型，实现局部自适应控制，通过共享技术和视觉临场感实现人对遥控焊接宏观全局监控。

### 4. 专用工具辅助示教

为了使机器人编程在三维空间示教过程更直观，一些辅助示教工具被引入到在线示教过程。辅助示教工具包括位置测量单元和姿态测量单元，分别用来测量空间位置和姿态。辅助示教工具由两个手臂和一个手腕组成，有6个自由度，通过光电编码器来记录每个关键角度。操作时，由操作人员手持该设备的手腕，对加工路径进行示教，记录下路径上每个点的位置和姿态，再通过坐标转换为机器人的加工路径值，实现示教编程。辅助示教工具操作简便，精度高，不需要操作者实际操作机器人，这对很多非专业的操作人员来说是非常方便的。

借助激光等装置进行辅助示教，提高了机器人使用的柔性和灵活性，降低了操作的难度，提高了机器人加工的精度和效率，这在很多场合是非常实用的。

## 1.2.2 离线编程技术

与在线编程相比，离线编程具有如下优点：①减少停机的时间，当对下一个任务进行编程时，机器人可仍在生产线上工作；②使编程者远离危险的工作环境，改善了编程环境；③使用范围广，可以对各种机器人进行编程，并能方便地实现优化编程；④便于和 CAD/CAM 系统结合，做到 CAD/CAM/ROBOTICS一体化；⑤可使用高级计算机编程语言对复杂任务进行编程；⑥便于修改机器人程序。离线编程是将现实的机器人工作场景在虚拟的三维模型软件中进行仿真，通过对软件的操作使得机器人生成任务程序，软件中生成的任务程序可再导入到真实机器人中运行。离线编程技术流程图如图 1-3 所示。

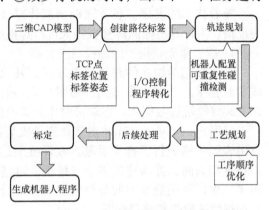

图 1-3 离线编程技术流程图

### 1. 离线编程关键步骤

机器人离线编程是利用计算机图形学的成果，通过对工作单元进行三维建模，在仿真环境中建立与现实工作环境对应的场景，采用规划算法对图形进行控制和操作，在不使用实际机器人的情况下进行轨迹规划，进而生成机器人程序。

### 2. 商业离线编程软件

离线编程软件的功能一般包括：几何建模功能、基本模型库、运动学建模功能、工作单元布局功能、路径规划功能、自动编程功能、多机协调编程与仿真功能。目前市场上常用的离线编程软件有：加拿大 Robot Simualtion 公司开发的 Workspace 离线编程软件；以色列 Tecnomatix 公司开发的 ROBCAD 离线编程软件；美国 Deneb Robotics 公司开发的 IGRIP 离线编程软件；ABB 机器人公司开发的基于 Windows 操作系统的 RobotStudio 离线编程软件。

此外日本安川公司开发了 MotoSim 离线编程软件，FANUC 公司开发了 ROBOGUIDE 离线编程软件，可对系统布局进行模拟，确认工具坐标中心点（Tool Center Point，TCP）的可达性，是否存在干涉，也可进行离线编程仿真，然后将离线编程的程序仿真确认后下载到机器人中执行。

### 3. 现有离线编程软件与当前需求的差距

由于离线编程不占用机器人在线时间，提高了设备利用率，同时离线编程技术本身是CAD/CAM 一体化的组成部分，可以直接利用 CAD 数据库的信息，因而大大减少了编程时间，这对于完成复杂任务是非常有用的。

但由于目前商业化的离线编程软件成本较高，使用复杂，所以对于中小型机器人企业用户而言，软件的性价比不高。

另外，目前还没有一款离线编程软件能够完全覆盖离线编程的所有流程，而是离线编程流程中的几个环节独立存在。对于复杂结构的弧焊，离线编程环节中的路径标签建立、轨迹规划、工艺规划是非常繁杂耗时的。拥有数百条焊缝的车身要创建路径标签，为了保

4

证位置精度和合适的姿态，操作人员可能要花费数周的时间。尽管碰撞检测、布局规划和耗时统计等功能已包含在路径规划和工艺规划中，但到目前为止，还没有一款离线编程软件能够提供真正意义上的轨迹规划，而工艺规划则依赖于编程人员的工艺知识和经验。

### 1.2.3 自主编程

随着技术的发展，各种跟踪测量传感技术日益成熟，人们开始研究以焊缝的测量信息为反馈，由计算机控制焊接机器人进行焊接路径的自主示教技术。

**1. 基于激光结构光的路径自主编程**

基于激光结构光的路径自主编程，其原理是将结构光传感器安装在机器人的末端，形成"眼在手上"的工作方式，如图1-4所示，利用焊缝跟踪技术逐点测量焊缝的中心坐标，建立起焊缝轨迹数据库，在焊接时作为焊枪的路径。

韩国Pyunghyun Kim将激光传感器安装在6自由度焊接机器人末端，对结构化环境下的自由表面焊缝进行了自主示教。在焊缝上建立了一个随焊缝轨迹移动的坐标系来表达焊缝的位置和方向，并与连接类型（搭接、对接、V形）结合形成机器人焊接路径，其中还采用了三次样条函数对空间焊缝轨迹进行拟合，避免了常规的直线连接造成的误差，传感器扫描焊缝获取焊接路径如图1-5所示。

图1-4 基于激光结构光的路径自主编程

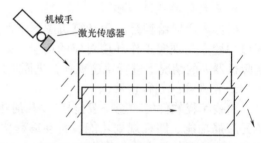

图1-5 传感器扫描焊缝获取焊接路径

**2. 基于双目视觉的自主编程**

基于视觉反馈的自主示教是实现机器人焊接路径自主规划的关键技术，其主要原理是：在一定条件下，由主控计算机通过视觉传感器沿焊缝自动跟踪、采集并识别焊缝图像，计算出焊缝的空间轨迹和方位（即位姿），并按优化焊接要求自动生成机器人焊枪（Torch）的位姿参数。

**3. 多传感器信息融合自主编程**

有研究人员采用力控制器、视觉传感器以及位移传感器构成一个高精度自动路径生成系统。基于视觉、力和位置传感器的路径自动生成系统配置如图1-6所示，该系统集成了位

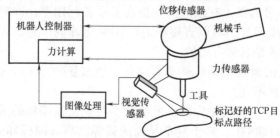

图1-6 基于视觉、力和位置传感器的路径自动生成系统配置

移、力、视觉控制，引入视觉伺服，可以根据传感器反馈信息来执行动作。该系统中机器人能够根据记号笔（图中工具）所绘制的线自动生成机器人路径，位移控制器用来保持机器人TCP点的位姿，相机（图中视觉传感器）用来使得机器人自动跟随曲线，力传感器用来保持TCP点与工件表面距离恒定。

### 1.2.4 基于增强现实的编程技术

增强现实技术源于虚拟现实技术，是一种实时地计算摄像机影像的位置及角度并加上相应图像的技术，这种技术的目的是在屏幕上把虚拟世界套在现实世界中并互动。增强现实技术使得计算机产生的三维物体融合到现实场景中，加强了用户同现实世界的交互，将增强现实技术用于机器人编程具有革命性意义。

增强现实技术融合了真实的现实环境和虚拟的空间信息，它在现实环境中发挥了动画仿真的优势并提供了现实环境与虚拟空间信息的交互通道。例如一台虚拟的飞机清洗机器人模型被应用于按比例缩小的飞机模型，控制虚拟的机器人针对飞机模型沿着一定的轨迹运动，进而生成机器人程序，之后对现实的机器人进行标定和编程。

基于增强现实的机器人编程技术（RPAR）能够在虚拟环境中没有真实工件模型的情况下进行机器人离线编程。由于能够将虚拟机器人添加到现实环境中，所以当需要原位接近的时候该技术是一种非常有效的手段，这样能够避免在现实环境还不具备的条件下，在虚拟环境中标定时可能碰到的技术难题。基于增强现实的机器人编程架构如图1-7所示，由虚拟环境、可操作空间、任务规划以及路径规划的虚拟机器人仿真和现实机器人验证等环节组成。

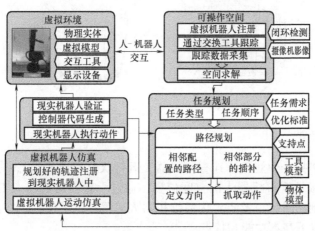

图1-7 基于增强现实的机器人编程架构

基于增强现实的机器人编程技术能够发挥离线编程技术的内在优势，比如减少机器人的停机时间，安全性好，操作便利等。由于基于增强现实的机器人编程技术采用的策略是路径免碰撞、接近程度可缩放，所以该技术可以用于大型机器人的编程。

### 1.2.5 工业机器人编程技术的发展趋势

随着视觉技术、传感技术、智能控制、网络和信息技术以及大数据等技术的发展，未来的机器人编程技术将会发生根本性的变革，其主要表现在以下几个方面：①编程将会变得简单、快速、可视，模拟和仿真立等可见；②基于视觉、传感、信息和大数据技术，以感知、辨识环境及工件，并重构其CAD模型，自动获取加工路径的几何信息；③基于互联网技术实现编程的网络化、远程化、可视化；④基于增强现实技术实现离线编程和真实场景的互动；⑤根据离线编程技术和现场获取的几何信息自主规划加工路径、焊接参数并进行仿真确认。

总之，在不远的将来，传统的在线示教编程将只在很少的场合得到应用，比如空间探索、水下、核电等，而离线编程技术将会得到进一步发展，并与CAD/CAM、视觉技术、传感技术，互联网、大数据、增强现实等技术深度融合，自动感知、辨识和重构工件和加工路径等，实现路径的自主规划、自动纠偏和自适应环境。

# 1.3　任务二：熟悉机器人示教器

示教器是管理应用工具软件与用户之间接口的操作装置，也称人机交互装置。示教器通过电缆与控制装置连接。不同品牌的机器人都有自己专用的示教器，本书以FANUC机器人示教器为例，讲解示教器的构成、原理及其使用方法，如图1-8所示。

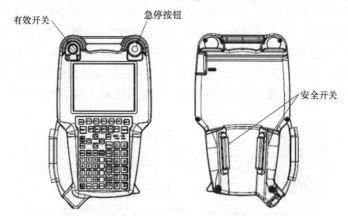

图1-8　FANUC机器人示教器

## 1.3.1　示教器的功能

在示教器的菜单指令中能迅速地查询机器人运行状况和当前状态信息，通过4D图形界面窗口可以比较清晰地观察机器人的空间位姿，通过示教器对机器人工作站进行操作能有效地记录并准确地到达目标位置点，为后续机器人编程提供了便利。在此次的任务工作中，可以看出示教器有以下基本功能和特点：

1）机器人的点动运行：通过示教器可以在世界坐标系、关节坐标系、工具坐标系以及用户坐标系下点动运行机器人。

2）创建和编写机器人程序：可以在合适的坐标系下编写程序，操作机器人按一定的轨迹运行，完成特定的工作任务。

3）试运行程序：编写完程序后或编写过程中，可以通过单步或连续运行的方式试运行程序，以测试程序的合理性。

4）生产运行：程序编写完，试运行通过后，可以通过示教器设置机器人进入自动运行状态，连续工作以完成生产任务。

5）查看机器人状态（I/O设置，位置信息等）。

示教器技能图谱如图1-9所示。

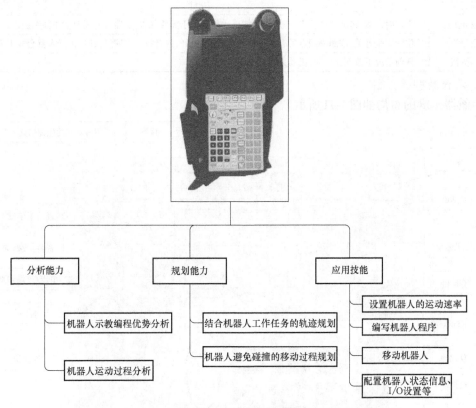

图1-9 示教器技能图谱

## 1.3.2 示教器的组成及按键功能

### 1. 示教器的组成

FANUC机器人示教器主要由液晶屏、按键、有效开关、急停按钮、安全开关、LED指示灯等组成，通过线缆与控制柜通信和获取电源。FANUC机器人示教器组成如图1-10所示，各种开关的功能见表1-1。

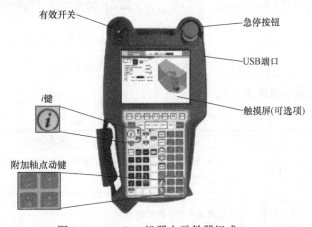

图1-10 FANUC机器人示教器组成

表1-1　示教器开关功能

| 开关 | 功能 |
|---|---|
| 有效开关 | 工作时,必须将示教器置于有效状态。如果示教器置于无效状态,机器人的任何动作都无法进行 |
| 安全开关 | 位置安全开关,按到中间点后有效。如果安全开关松开,或者按下力度过大时,机器人就会马上停止 |
| 急停按钮 | 任何情况下按下该按钮,机器人都会紧急、停止 |

**2. 示教器按键介绍**

示教器按键的布局如图1-11所示。

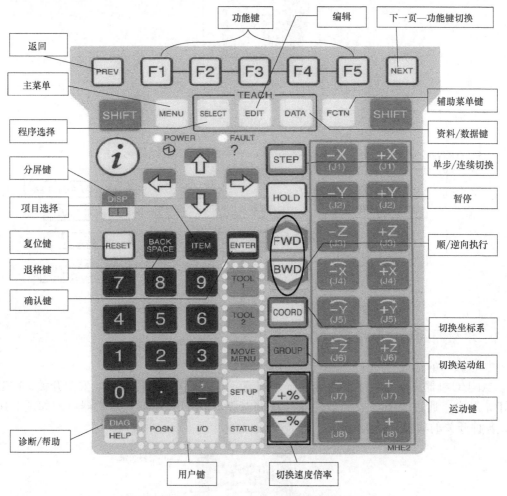

图1-11　FANUC机器人示教器按键布局

示教器按键功能介绍见表1-2。

表1-2　示教器按键功能介绍

| 按键 | | 描述 |
|---|---|---|
| F1 F2 F3 F4 F5 | | F1~F5键用于选择TP(示教器)屏幕上显示的内容,每个功能键在当前屏幕上有唯一的内容对应 |
| NEXT | NEXT | 功能键—下一页切换 |

| 按键 | | 描述 |
|---|---|---|
| MENU | MENU | 显示屏幕菜单 |
| SELECT | SELECT | 显示程序选择界面 |
| EDIT | EDIT | 显示程序编辑界面 |
| DATA | DATA | 显示程序数据界面 |
| FCTN | FCTN | 显示功能菜单 |
| DISP | DISP | 只存在于彩屏示教器。与SHIFT键组合可显示DISPLAY界面，此界面可改变显示窗口数量。单独使用可切换当前显示窗口 |
| FWD | FWD | 与SHIFT键组合使用可从前往后执行程序，程序执行过程中SHIFT键松开程序暂停 |
| BWD | BWD | 与SHIFT键组合使用可反向单步执行程序，程序执行过程中SHIFT键松开程序暂停 |
| STEP | STEP | 在单步执行和连续执行之间切换 |
| HOLD | HOLD | 暂停机器人运动 |
| PREV | PREV | 返回上一屏幕 |
| RESET | RESET | 复位，消除报警 |
| BACK SPACE | BACK SPACE | 清除光标之前的字符或者数字 |
| ITEM | ITEM | 快速移动光标至指定项目 |
| ENTER | ENTER | 确认键 |
| | | 光标键 |
| DIAG HELP | DIAG HELP | 单独使用显示帮助界面，与SHIFT组合显示诊断界面 |

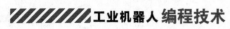 
| 按键 | | 描述 |
| --- | --- | --- |
| GROUP | GROUP | 运动组切换 |
| COORD | COORD | 单独使用可选择坐标系，每按一次此键，当前坐标系依次显示JOINT（关节坐标系），WORLD（世界坐标系），TOOL（工具坐标系），USER（用户坐标系）。与SHIFT键组合使用可改变当前TOOL、USER坐标系号 |
| SPEED | -% +% | 速度倍率加减键 |
| SHIFT | SHIFT | 用于点动机器人，记录位置，执行程序，左右两个按键功能一致 |
| | +X(J1) +Y(J2) +Z(J3) +X(J4) <br> -X(J1) -Y(J2) -Z(J3) -X(J4) <br> +Y(J5) +Z(J6) +(J7) -(J8) <br> -Y(J5) -Z(J6) -(J7) +(J8) | 与SHIFT键组合使用可点动机器人，J7、J8键用于同一群组内的附加轴的点动进给 |

### 1.3.3 示教器编程窗口介绍

#### 1. 状态窗口

示教器的显示界面的上部窗口，叫作状态窗口，上面显示8个软 LED指示、报警显示、

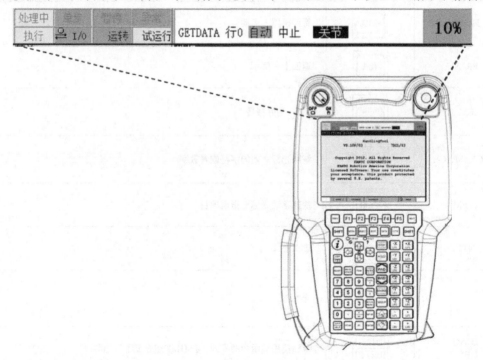

图1-12 FANUC机器人示教器状态窗口

倍率值。FANUC机器人示教器状态窗口如图1-12所示。

表1-3中列出了示教器软LED的功能。

**表1-3 示教器软LED功能**

| 显示LED(上段表示ON,下段表示OFF) | | 含义 |
|---|---|---|
| 处理中 | 处理 / 处理 | 表示机器人正在进行某项作业 |
| 单段 | 单段 | 表示处在单段运转模式下 |
| 暂停 | 暂停 | 表示按下了HOLD(暂停)按钮,或者输入了HOLD信号 |
| 异常 | 异常 | 表示发生了异常 |
| 执行 | 实行 / 实行 | 表示正在执行程序 |
| I/O | I/O / I/O | 这是应用程序固有的LED。这里示出了搬运工具的例子 |
| 运转 | 运转 / 运转 | 这是应用程序固有的LED。这里示出了搬运工具的例子 |
| 试运行 | 测试中 | 这是应用程序固有的LED。这里示出了搬运工具的例子 |

## 2. 示教器的界面

液晶界面显示盘(液晶显示屏)上显示如图1-13所示的应用工具软件的各类界面,机器人的所有操作,都需通过选择对应的功能界面而进行。

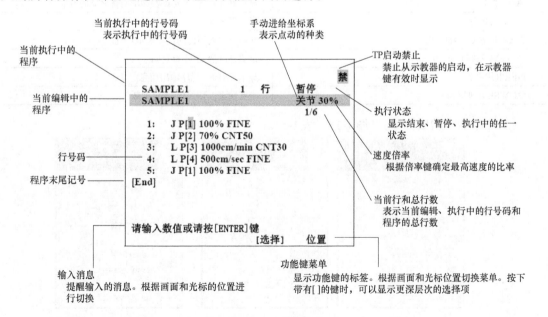

图1-13 程序编辑界面

**3. 示教器常用菜单功能选项介绍**

（1）MENU（全画面菜单）（图1-14，表1-4）。

图1-14  全画面菜单选项界面

表1-4  菜单［MENU］介绍

| 项目 | 功能 |
|---|---|
| UTILITIES(实用工具) | 显示提示 |
| TEST CYCLE(试运行) | 为测试操作指定数据 |
| MANUAL FCTNS(手动操作) | 执行宏指令 |
| ALARM(报警) | 显示报警历史和详细信息 |
| I/O(设定输入、出信号) | 显示信号状态和手动分配信号 |
| SETUP(设置) | 设置系统功能 |
| FILE(文件) | 读取或存储文件 |
| USER(用户) | 显示用户信息 |
| SELECT(一览) | 列出和创建程序 |
| EDIT(编辑) | 编辑和执行程序 |
| DATA(数据) | 显示寄存器、位置寄存器和堆码寄存器的值 |
| STATUS(状态) | 显示系统状态 |
| 4D GRAPHICS(4D图形) | 显示机器人当前的位置及4D图形 |
| SYSTEM(系统) | 设置系统变量，零点复归 |
| USER2(用户2) | 显示KAREL程序输出信息 |
| BROWSER(浏览器) | 浏览网页，只对+Pendant有效 |

（2）FCTN（辅助菜单）（图1-15，表1-5）。

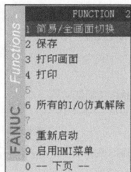

图1-15  辅助菜单选项界面

表 1-5 辅助菜单 [FCTN] 介绍

| 项目 | 功能 |
|---|---|
| ABORT ALL(中止程序) | 强制中断正在执行或暂停的程序 |
| Disable FWD/BWD(禁止前进后退) | 手动执行程序时,选择FWD、BWD键功能是否有效 |
| RELEASE WAIT(解除等待) | 跳过正在执行的等待语句。当等待语句被释放,执行中的程序立即被暂停在下一个语句处等待 |
| QUICK/FULL MENUS(简易/全画面切换) | 在简易菜单和完整菜单之间选择 |
| SAVE(保存) | 保存当前屏幕中相关的数据到软盘或存储卡中 |
| PRINT SCREEN(打印画面) | 打印当前屏幕的显示内容(原样) |
| PRINT(打印) | 用于程序、系统变量的打印 |
| UNSIM ALL I/O(所有I/O仿真解除) | 取消所有I/O信号的仿真设置 |
| CYCLE POWER(重新启动) | 重新启动控制柜(POWER ON/OFF) |
| ENABLE HMI MENUS(启用HMI菜单) | 用来选择当按住MENUS键时,是否需要显示HMI菜单 |

(3)机器人速率控制

按 [SPEED] 键进行机器人速率设置,速度倍率设置见表1-6。

表 1-6 速度倍率设置

| 方法一 | 方法二 |
|---|---|
| 按[+%]键<br>VFINE→FINE→1%...→5%...→100%<br>1%~5%之间,每按一下,增加1%<br>5%~100%之间,每按一下,增加5% | 按[SHIFT]+[+%]键<br>VFINE→FINE→5%→(25%)→50%→100%<br>VFINE~5%之间,经过两次递增<br>5%~100%之间,经过两次递增 |
| 按[-%]键<br>100%...→5%...→1%→FINE →VFINE<br>5%~1%之间,每按一下,减少1%<br>100%~5%之间,每按一下,减少5% | 按[SHIFT]+[-%]键<br>100%→50%→(25%)→5%→FINE→VFINE<br>5%~VFINE之间,经过两次递减<br>100%~5%之间,经过两次递减 |

## 1.3.4 点动机器人

熟悉了机器人示教器的基本按键功能后,就可以开始对机器人进行简单的运动操作。点动机器人所涉及的操作按键如图1-16所示。先将机器人操作切换到手动模式下,然后打开机器人示教器开关,将安全开关 [DEADMAN] 按到适中位置后,按 [SHIFT] + [RESET] 键将报警复位消除,按 [COORD] 键选择坐标系后就可以对机器人进行点动操作了。

**1. 机器人在直角坐标系下的运动**

1)在示教器消除报警后,按 ⓘ + [COORD] 键切换为 4D 图形显示窗口,按 [COORD] 键切换为世界坐标系。机器人示教器4D图形显示窗口如图1-17所示。在全景模式下操作机器人可以从屏幕中看到机器人的运动方向,根据按键功能提示,按下F1~F5按键可以对画面进行放大、平移、旋转等操作。

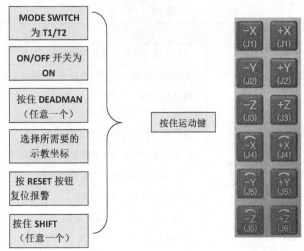

图1-16　点动机器人操作按键

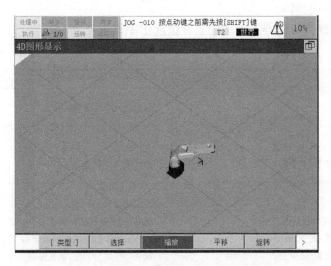

图1-17　机器人示教器4D图形显示窗口

2）按［SHIFT］+［运动键］时机器人的相应运动，对应的运动键 分别表示机器人的工具坐标系中心点（TCP）在该坐标系下的 X 轴负方向和正方向上做平移运动， 分别表示 TCP 在该坐标系下的 Y 轴负方向和正方向上做平移运动， 分别表示 TCP 在该坐标系下的 Z 轴负方向和正方向上做平移运动；而 分别表示工具中心点绕坐标系 X 轴顺时针和逆时针做旋转运动， 分别表示工具中心点绕坐标系 Y 轴做顺时针和逆时针做旋转运动， 分别表示工具中心点绕坐标系 Z 轴做顺时针和逆时针做旋转运动。

**2. 机器人在关节坐标系下的运动**

1）在4D图形显示窗口下，按［COORD］键调节坐标系为关节坐标系。机器人关节坐标系场景显示窗口如图1-18所示。

2）按［SHIFT］+［运动键］时机器人的相应运动，对应的运动键 表示机器人的

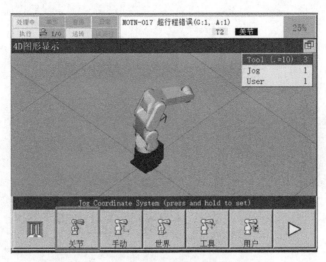

图 1-18　机器人关节坐标系场景显示窗口

腰关节 J1 做旋转运动，⬛⬛ 表示机器人的肩关节 J2 做旋转运动，⬛⬛ 表示机器人的肘关节 J3 做旋转运动；而 ⬛⬛ 表示机器人的扭转关节 J4 做旋转运动，⬛⬛ 表示机器人的腕关节 J5 做旋转运动，⬛⬛ 表示机器人的末端关节 J6 做旋转运动。在示教器的 4D 图形显示窗口可以清楚地看到机器人的运动状态，对比实物图形能有效地避免障碍物和机器人的奇异点。

　　机器人的运动是在以下两种情况下发生的，第一种是在选定了机器人运动坐标系的情况下运动，第二种是在执行机器人程序时按照动作指令运动。在这两种运动状态下，机器人的运动方式受到不同因素的影响。

　　1）机器人在 TP 示教时的运动影响因素：示教坐标系（通过［COORD］键 ⬛ 可切换）、速度倍率（通过速度倍率键 ⬛ ⬛ 控制）。

　　2）机器人在执行程序时影响动作指令的要素：动作类型、位置数据、速度单位和定位类型。

---

**\*注意：**
在程序执行中，运动速度受速度倍率的限制。速度倍率值的范围为（VFINE~100%）。

---

　　动作类型包括直线、样条曲线和圆弧等；位置数据表示的是每个程序点所处的空间位置；速度单位根据动作类型而定，直线运动为 mm/s，圆弧运动为 rad/s。定位类型指的是机器人的工具坐标系中心点（TCP）对工件表面选取不同的点进行定位。这四种因素在后面的机器人编程控制中会一一讲解。

## 1.4　思考与练习

　　（1）工业机器人在什么情况下适合用直角坐标系运动？在什么情况下适合用关节坐标系运动？

　　（2）工业机器人在运动过程中要改变运动速率时应该怎么做？

# 第 **2** 章

## Chapter

# 熟悉工业机器人坐标系

## 2.1 任务介绍

了解机器人不同坐标系的定义和不同坐标系对机器人的意义，理解并掌握机器人工具坐标系和用户坐标系的原理。在此基础上熟悉坐标系的设置方法并学会在不同的工作任务下完成对机器人工具坐标系和用户坐标系的设置。

## 2.2 任务一：认识工业机器人坐标系

工业机器人主要包括四种类型的坐标系：世界坐标系（机座坐标系）、关节坐标系、工具坐标系和用户（或工件）坐标系。工业机器人的运动实质是根据不同作业内容、轨迹的要求，在各种坐标系下的运动。图2-1所示为一个工业机器人本体与外部环境关联的坐标系

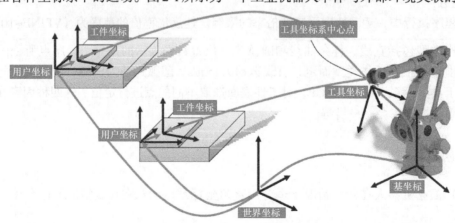

图2-1 工业机器人常用坐标系及相互关系

情况。理解工业机器人各种坐标系的含义，是进行工业机器人编程的基础。

### 2.2.1 世界坐标系

世界坐标系即通用坐标系，以大地为参考。串联工业机器人的世界坐标系是固定在空间中的标准直角坐标系，也称为工业机器人的机座坐标系，是由机器人开发人员事先确定的标准参考位置。其原点定义在机器人的安装面与第一转动轴的交点处，X+轴向前，Z+轴向上，Y+轴按右手规则确定。工业机器人世界坐标系如图2-2所示。

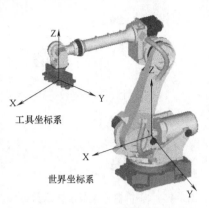

图2-2 工业机器人世界坐标系

### 2.2.2 工具坐标系

工具坐标系是表示工具中心点和工具姿势的直角坐标系。工业生产线上，通常在工业机器人的末端执行器上固定特殊的部件作为工具，如夹具、焊枪等装置，在这些工具上的某个固定位置上通常要建立一个坐标系，即工具坐标系，机器人的轨迹规划通常是在添加了上述的工具之后，针对工具的某一点进行规划，通常这一点被称为工具坐标系中心点（TCP），TCP英文全称为Tool Center Point。一般情况下，工具坐标系的原点就是TCP，工具在被安装在机器人末端执行器上之后，除非人为地改变其安装位置，否则工具坐标系相对于机器人机械接口坐标系的关系是固定不变的。正确的工具坐标系标定对机器人的轨迹规划具有重要影响，而且机器人的工具可能会针对不同的应用场景，需要经常更换机器人的工具坐标系，因此迫切需要一种快速、准确的机器人工具坐标系标定方法。工具坐标系通常以TCP为原点，将工具方向取为Z轴。未定义工具坐标系时，将由机械接口坐标系（第六轴法兰中心点）来替代该坐标系。TCP与机械接口坐标系的位置关系如图2-3所示。

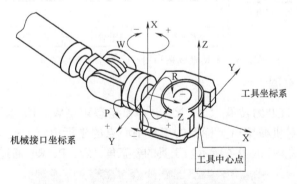

图2-3 TCP与机械接口坐标系的位置关系

### 2.2.3 关节坐标系

关节坐标系是设定在机器人的关节中的坐标系。关节坐标系中机器人的位置和姿势，以各关节的底座侧的关节坐标系为基准而确定。在关节坐标系下，机器人各轴均可实现单独正向或反向运动。对于需要大范围运动，且不要求机器人TCP点姿态的，可选择关节坐标系。图2-4所示的关节坐标系的关节值，处在所有轴都为0°的状态。

17

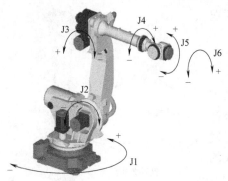

图2-4 六轴机器人关节坐标系及运动方向

### 2.2.4 用户坐标系

在工业机器人的使用过程中，为了方便任务的完成，一般在所操作的工件（或台面）上建立一个工件坐标系，这个坐标系也称为用户坐标系，绝大部分的操作定义在用户坐标系上。然而当工件的位置可能会因为操作任务的不同而改变时，通常需要重新建立用户坐标系，并标定出用户坐标系相对于机器人基坐标系的转换关系。因此，在实际的生产中经常需要快速实现用户坐标系的标定。

## 2.3 任务二：理解工具坐标系和用户坐标系

如上所述的四类坐标系中，对于每个给定的机器人，世界坐标系和关节坐标系从出厂后就已经确定了，因此只需要对机器人的用户坐标系和工具坐标系进行标定。接下来将重点介绍工具坐标系和用户坐标系的原理及标定方法。

为了表达工具和工作台的相对位置关系，引入工具坐标系和用户坐标系的概念。工具坐标系和用户坐标系的标定需用户根据机器人的工具、工作台及生产任务来进行有针对性的标定。从机器人不同应用领域来看，机器人大多是拿着工具（焊枪，手爪等）去工作台上固定的位置加工工件。实践中习惯性地取静止的物体为参考对象，运动的物体为研究对象。因此，加工工件时可以取工具为研究对象，工作台为参考对象。机器人的运动轨迹实际上就是建立了工具和工作台之间的空间位姿的关系，这个关系也称为位置点位。工具坐标系和用户坐标系的关联关系如图2-5所示。

图2-5 工具坐标系和用户坐标系的关联关系

### 2.3.1 工具坐标系原理

工具坐标系，由TCP的位置（X，Y，Z）和姿态角（W，P，R）组成。TCP的位置（X，Y，Z），通过相对机械接口坐标系的工具中心点的坐标值 x、y、z 来定义。TCP与机械接口坐标系的位置关系如图2-6所示。工具的姿态角（W，P，R）通过机械接口坐标系（第

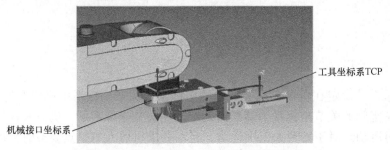

图2-6 TCP与机械接口坐标系的位置关系

六轴法兰中心点）的 X 轴、Y 轴、Z 轴的回转角 w、p、r 来定义。未定义工具坐标系时，将由机械接口坐标系来替代该坐标系。一般将法兰盘中心定义为默认工具坐标系的原点，法兰盘中心指向法兰盘定位孔方向定义为+X方向，垂直法兰盘向外方向定义为+Z方向，最后根据右手法则即可判定+Y方向。工具坐标系示意图如图2-7所示。

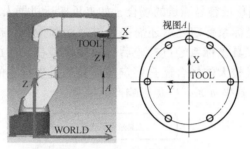

图2-7　工具坐标系示意图

新的工具坐标系是相对于默认工具坐标系变化得到的，新的工具坐标系的位置和方向始终同法兰盘保持绝对的位置和姿态关系，但在空间上是一直变化的。图2-8所示为两种类型的末端工具与TCP的关系，图2-8a所示为垂直于法兰盘的垂直卡爪，TCP由机械工具坐标系平移即可，无角度变化。图2-8b所示为带弧度的工具，其TCP由机械工具坐标系平移或旋转获得。两种形式的TCP均与机械工具坐标系之间存在绝对位姿关系。

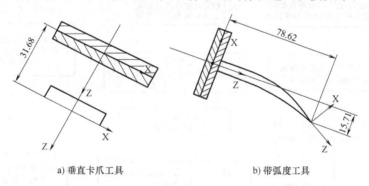

a) 垂直卡爪工具　　　　　　　　　b) 带弧度工具

图2-8　不同工具与TCP的关系

## 2.3.2　工具坐标系的标定

工具坐标系的正确标定对机器人的轨迹规划具有重要意义。机器人需要针对不同的应用场景实时更换工具坐标系，因此快速、准确地进行机器人工具坐标系的标定是必需的。工具坐标系需要在编程前先行标定，如果未定义工具坐标系，将使用默认工具坐标系。

以FANUC机器人为例，用户最多可以设置10个工具坐标系，一般一个工具对应一个工具坐标系。工业机器人工具坐标系有三种设置方法，对应步骤如图2-9所示，从图中可以看出，不同的设置方法设置步骤不尽相同，但所有的设置方法都需要经过坐标系的激活和检验，且激活和检验的方法都是相同的。直接输入法设置步骤简单，需要设置的坐标系与机械接口坐标系有明确的偏移量，因此采用直接输入法设置坐标系最为精确。三点法只能标定 TCP 相对于六轴法兰中心的直角坐标偏移值，对于存在角度偏移的工具将无法有效标定 TCP 位置。六点法既能标定 TCP 相对于法兰中心的移动，还能标定出相对于X、Y、Z

三轴的旋转角度。

根据三种不同设置方法的特点，可以基本判断三点法适用于工具中心点明确且工具移动方向平行于世界坐标系的轴方向的应用场合，如吸盘搬运、切割机器人等。六点法适用于工具中心点明确且带一定弧度的工具，如抛光、喷涂机器人等。直接输入法适用于工具中心点不明确，且坐标偏移量容易测量的场合，如夹爪搬运机器人等。

工业机器人的工具坐标系标定之后还需要经过激活和检验。标定后的坐标系经过激活后可以运用到生产中，工具坐标系经过检验后，只要误差在生产加工允许范围内就可以使用了。在一些工具磨损量较大的场合还需要定期检验工具坐标系的偏差，如果偏差不符合要求，则需要重新设置工具坐标系，以免影响产品质量。

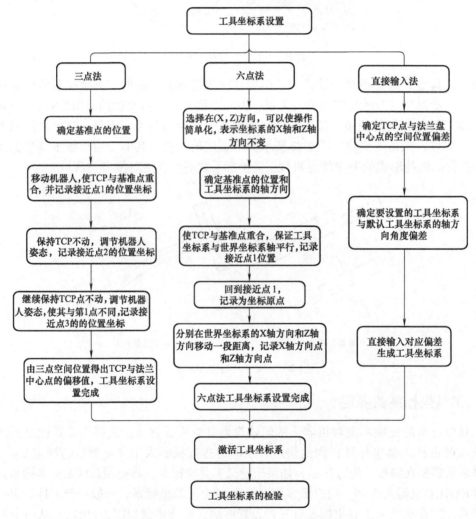

图2-9  工具坐标系设置方法及步骤流程图

### 2.3.3  用户坐标系的原理

用户坐标系是根据放置机器人所需加工工件的工作台来建立的，通过建立用户坐标系，可以比较清晰地表示工件相对机器人的空间位置关系，并且能精准地将工具坐标系中心点

（TCP）定位到加工工件上。

默认的用户坐标系：默认的用户坐标系和世界坐标系重合。自定义的用户坐标系都是基于默认的用户坐标系通过平移旋转变化得到的。

通过机器人运动坐标系的选择，已经知道用户坐标系是机器人TCP运动中的一个参考对象，但这种参考对象的作用我们还不了解。不同情况下的工作台面如图2-10所示，有五个工件放置在不同情况的工作台上，机器人不仅要完成对工件的抓取，还要达到快速准确的要求。在水平工作面上，机器人可以在世界坐标系下表达出工件与机械手爪的相对位置，而在倾斜工作台面上机器人难以在世界坐标系下移动到每一个工件的位置，因此，就需要在此情况下建立一个媒介来传达相对位置关系，也就是用户坐标系。

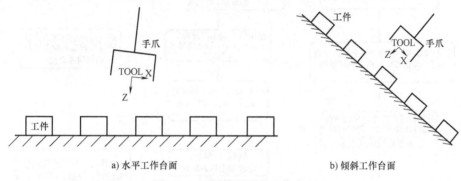

a) 水平工作台面　　　　b) 倾斜工作台面

图2-10　不同情况下的工作台面

从图2-10a中可以看出，在水平台面上不管使用默认的用户坐标系还是世界坐标系，都能顺利地完成点位的调试。而对于倾斜工作台面，如果使用默认的用户坐标系 User0 或者世界坐标系，将很难对每个工件位置进行调试，但如果某个坐标系的两个方向正好平行于工作台面，调试工作将大大简化。因此，在此情况下建立一个平行于倾斜工作台面的用户坐标系User1，使得每个工件在用户坐标系User1的一个轴方向上等距，这样就能顺利地对工件进行抓取了。

**1. 用户坐标系作用**

1）确定参考坐标系。

2）确定工作台上的运动方向，方便调试。

**2. 用户坐标系特点**

新的用户坐标系是根据默认的用户坐标系 User0 通过空间平移、旋转变化得到的，新的用户坐标系的位置和姿态相对空间是不变化的。

## 2.3.4　用户坐标系的标定

在工业机器人的使用过程中，为了方便任务的完成，对于工件的加工，绝大部分的操作定义在用户坐标系上。然而工件的位置可能会因为操作任务的不同而改变，通常需要重新建立用户坐标系，并标定出用户坐标系相对于机器人基坐标系的转换关系。因此，在实际的生产中经常需要快速实现工件坐标系的标定。用户坐标系是用户对每个作业空间进行定义的笛卡儿坐标系，每个机器人最多可以设置9个用户坐标系。

工业机器人用户坐标系设置方法和步骤如图2-11所示，相对于工具坐标系，用户坐标系的设置方法比较简单。从图2-11中可以看出直接输入法与设置工具坐标系的优缺点基本相同，而三点法设置坐标系只需确定工装台平面的轴方向，四点法增加了X轴方向原点能更加清楚地表示每个工件在用户坐标系下的具体位置。

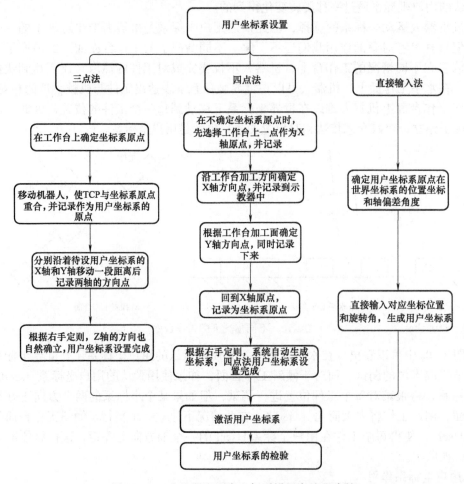

图2-11　工业机器人用户坐标系设置方法和步骤

三点法用户坐标系标定结果如图2-12所示。用户坐标系标定后同样需要经过激活和检验，检验过程只需判断工装台平面设置的X轴和Y轴方向有无偏差，所以在标定时方向点和

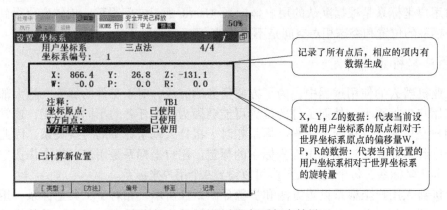

图2-12　三点法用户坐标系标定结果

坐标系原点的距离应至少保持在 250mm 以上，如果检验过程中偏差过大，用户坐标系也必须重新设置。

## 2.4　任务三：设置搬运机器人的工具坐标系和用户坐标系

通过前面章节学习了机器人工具坐标系和用户坐标系的设置方法，本次任务针对搬运机器人的实际工作任务与所用夹爪工具来对其坐标系进行设置，达到精确表达机器人本体、夹爪和工件的空间位置关系的目的。本任务以搬运机器人的工具坐标系和用户坐标系设置为例进行讲解。

### 2.4.1　设置工具坐标系——直接输入法

由本章任务二中关于坐标系的原理分析可知，夹爪属于工具中心点不明确的类型。以搬运机器人的夹爪为例，根据搬运任务不同，如抓取尺寸大的物件使用 TCP1，抓取小尺寸的工件使用 TCP2。搬运机器人夹爪工具 TCP 如图 2-13 所示。在其他的搬运任务中，还可以根据实际的特殊要求个性化地设置工具坐标系。由夹爪的三维尺寸可知，TCP1 离法兰盘的 X、Y、Z 的距离分别为 195、0、40。因此采用直接输入法设置其工具坐标系为（X：195，Y：0，Z：40，W：0，P：0，R：0）。以 FANUC 机器人为例，其设置步骤如下：

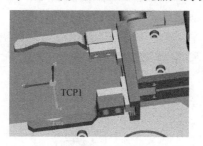

图 2-13　搬运机器人夹爪工具 TCP

工具坐标系直接输入法设置的过程如下：

1）依次按键操作：[菜单]-[设置]-F1 [类型]-[坐标系] 进入坐标系设置界面（具体位置见图中圈出处，余同），如图 2-14 所示。

2）按 F3 [坐标] 键，选择 [工具坐标系] 进入工具坐标系的设置界面，如图 2-15 所示。

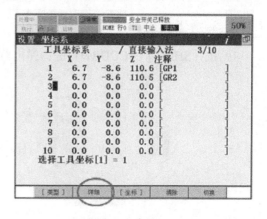

图 2-14　步骤一　　　　　　　　　　　图 2-15　步骤二

3）在图2-15中移动光标到所需设置的工具坐标号上，按 F2［详细］键进入详细界面，如图2-16所示。

4）按 F2［方法］键，如图2-16所示，移动光标，选择所用的设置方法［直接输入法］，按［ENTER］键确认，进入图2-17所示界面。

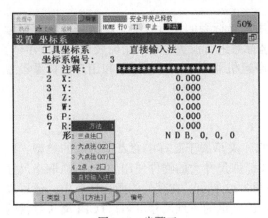

图2-16　步骤三　　　　　　　　　　　　　　图2-17　步骤四

5）移动光标到相应的项，用数字键输入对应偏差值，按［ENTER］键确认，完成所有项输入。如图2-18所示，到这里就完成了对工具坐标系的设置。

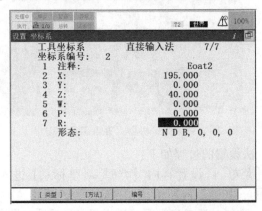

图2-18　步骤五

### 2.4.2　激活工具坐标系

1）按［SHIFT］+［COORD］键，弹出黄色对话框（图2-19）。

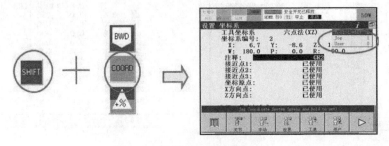

图2-19　工具坐标系激活方法

2）把光标移到 Tool（工具）行，用数字键输入所要激活的工具坐标系号，即可将该工具坐标系作为当前使用的工具坐标系。

### 2.4.3 检验工具坐标系

**1. 检验 X，Y，Z 方向**

1）将机器人的示教坐标系通过［COORD］键切换成工具坐标系。工具坐标系切换如图 2-20 所示。

2）示教机器人分别沿 X，Y，Z 方向运动，检查工具坐标系的方向设定是否符合要求。坐标轴平移指令按键组合如图 2-21 所示。

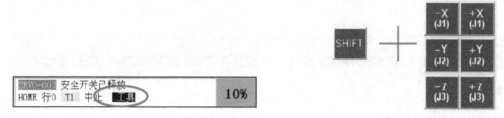

图 2-20 工具坐标系切换　　　　　　图 2-21 坐标轴平移指令按键组合

**2. 检验 TCP 位置**

1）将机器人的示教坐标系通过［COORD］键切换成世界坐标系。世界坐标系切换如图 2-22 所示。

2）移动机器人对准基准点，示教机器人分别绕 X，Y，Z 轴旋转，检查 TCP 点的位置是否符合要求。坐标轴旋转指令按键组合如图 2-23 所示。

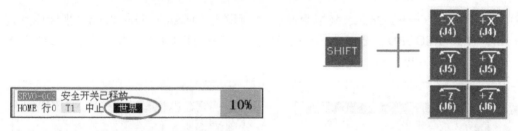

图 2-22 世界坐标系切换　　　　　　图 2-23 坐标轴旋转指令按键组合

### 2.4.4 设置搬运机器人用户坐标系——三点法

1）依次按键操作：［MENU］（菜单）-［设置］-F1［类型］-［坐标系］进入坐标系设置界面，如图 2-24 所示。

2）按 F3［坐标］键选择［用户坐标系］，如图 2-25 所示，进入用户坐标系的设置界面。

3）移动光标至需要设置的用户坐标系，如图 2-26 所示，按 F2［详细］键进入设置界面。

4）按 F2［方法］键选择［三点法］，如图 2-27 所示。

5）移动光标，选择所用的设置方法［Three Point］（三点法），按［ENTER］键（回车）确认，进入具体设置界面，如图 2-28 所示。

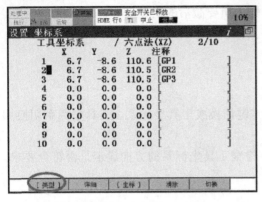

图 2-24　步骤一

图 2-25　步骤二

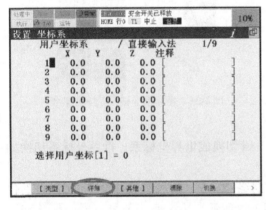

图 2-26　步骤三

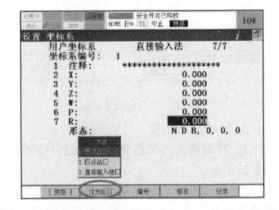

图 2-27　步骤四

6）记录 Orient Origin Point（坐标原点）。光标移至 Orient Origin Point（坐标原点），按［SHIFT］+F5［RECORD］键记录。当记录完成，UNINIT（未初始化）变成 RECORD-ED（已记录），如图 2-29 所示。

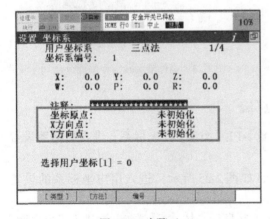

图 2-28　步骤五

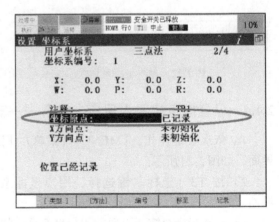

图 2-29　步骤六

7）将机器人的示教坐标切换成世界（WORLD）坐标。

8）记录 X 方向点

① 示教机器人沿用户自己需要的+X方向至少移动250mm。

② 光标移至X Direction Point（X轴方向）行，按［SHIFT］+F5［RECORD］键记录。

③ 记录完成，UNINIT（未初始化）变为RECORDED（已记录）。

④ 移动光标到Orient Origin Point（坐标原点）。

⑤ 按［SHIFT］+F4［MOVE_TO］（移至）键，使示教点回到Orient Origin Point（坐标原点）。

9）记录Y方向点

① 示教机器人沿用户自己需要的+Y方向至少移动250mm。

② 光标移至Y Direction Point（Y轴方向）行，按［SHIFT］+F5［RECORD］键记录。

③ 记录完成，UNINIT（未初始化）变为 USED（已使用）。

④ 移动光标到 Orient Origin Point（坐标原点）。

⑤ 按［SHIFT］+F4［MOVE_TO］（移至）键，使示教点回到 Orient Origin Point（坐标原点）。所有步骤完成后，查看用户坐标系标定结果。用户坐标系标定结果如图2-30所示。

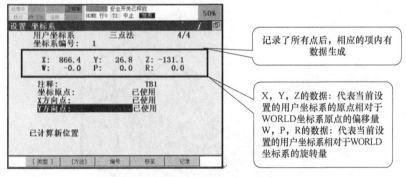

图2-30　用户坐标系标定结果

### 2.4.5　激活用户坐标系

1）按［SHIFT］+［COORD］键，弹出黄色对话框，如图2-31所示。

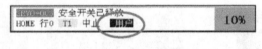

图2-31　黄色对话框

2）把光标移到 USER（用户）行，用数字键输入所要激活的用户坐标系号。

此次任务使用直接输入法和三点法分别完成搬运/上下料机器人的工具坐标系和用户坐标系的标定，同学们从中了解了机器人坐标设置方法，深刻理解了机器人各坐标系之间的相互关系，为之后串联仿真工作站的建立和示教编程打下基础。

## 2.5　任务四：设置弧焊机器人用户坐标系

弧焊机器人的工作环境较为复杂，一般需与变位机配合完成工作。弧焊机器人的工作台对应的就是变位机，在机器人的用户坐标系设定后，该坐标系保持不变。而在变位机运转下，弧焊机器人的工作台是变化的。在这种情况下，机器人的用户坐标系需要根据实际场景来进行设置，因此采用四点法进行设置，得到的用户坐标系较为准确。

### 2.5.1 弧焊机器人工作站机器人用户坐标系简介

以弧焊机器人工作站为例，该工作站由发那科 M10iA/12 机器人本体、芬兰肯倍 TIG3000 焊接电源、德国 TBI 焊枪、L 型伺服变位机、柔性工作台、夹具等组成。弧焊机器人工作站如图 2-32 所示。弧焊机器人工作站将通过变位机与弧焊机器人的协调运动，完成工件在不同工位处的焊接任务。通过变位机 0°、45°、90°的转动形成的三个不同位置的工作姿态如图 2-33 所示，可以实现工件焊接的全面性、灵活性和独特性。在变位机的不同工作姿态下，合适的用户坐标系的设置对于焊枪的路径规划起到了至关重要的作用。在 0°姿态时，建立一个平行于世界坐标系的用户坐标系 1。当变位机运动到 45°姿态时，按照用户坐标系 1 规划焊枪路径，将无法准确到达焊接点位，给机器人示教造成阻碍。因此需要建立用户坐标系 2，平行于 45°时的变位机的转盘平面。当运动到 90°工位时，建立用户坐标系 3，平行于 90°时的变位机的转盘平面。建立的三个用户坐标系会让焊枪路径规划简单、明了和准确。因此机器人若需在特殊平面内运动，用户坐标系的使用将会大大地减少时间与成本。

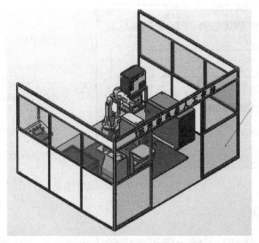

图 2-32　弧焊机器人工作站

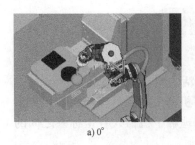　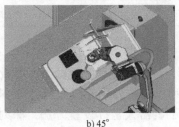　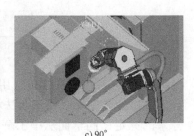

　a) 0°　　　　　　　　　　　　b) 45°　　　　　　　　　　　　c) 90°

图 2-33　弧焊机器人变位机工作姿态

### 2.5.2 设置弧焊机器人用户坐标系

四点法设置弧焊机器人用户坐标系设置步骤如下：

1）按 F3［坐标］键选择［用户坐标系］，如图 2-34 所示，进入用户坐标系的设置界面。

2）移动光标至需要设置的用户坐标系，如图 2-35 所示，按 F2［详细］键进入设置界面。

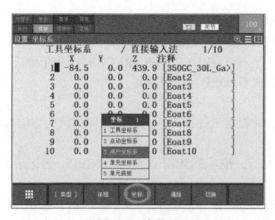

图 2-34　步骤一

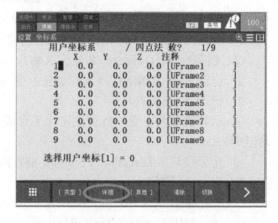

图 2-35　步骤二

3）按 F2［方法］键，如图 2-36 所示。

4）移动光标，选择所用的设置方法（四点法），按［ENTER］（回车）键确认，进入具体设置界面，如图 2-37 所示。

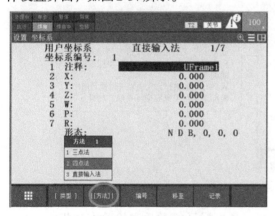

图 2-36　步骤三

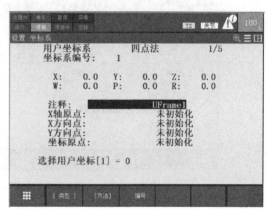

图 2-37　步骤四

5）记录 X 轴原点，将机器人 TCP 移至焊接工件的第一个固定圆孔中心，按［SHIFT］+F5［RECORD］键记录。当记录完成，UNINIT（未初始化）变成 RECORDED（已记录），如图 2-38 所示。

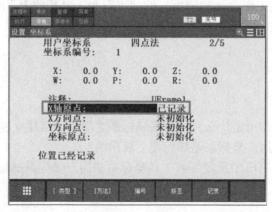

图 2-38　步骤五

6）将机器人的示教坐标切换成世界（WORLD）坐标，记录X方向点。

① 示教机器人沿工件焊接移动的方向移动三个固定圆孔的距离。

② 光标移至X Direction Point（X轴方向）行，按［SHIFT］+F5［RECORD］键记录。

③ 记录完成，UNINIT（未初始化）变为RECORDED（已使用）。

7）记录 Y 方向点

① 示教机器人在变位机柔性工作平台面上沿着与工件加工垂直方向的固定圆孔方向移动至少250mm。

② 光标移至Y Direction Point（Y轴方向）行，按［SHIFT］+F5［RECORD］键记录。

8）记录坐标原点

① 光标移至 X Direction Point（X 轴方向）行，按［SHIFT］+F4［MOVE_TO］键。

② 按［SHIFT］+F5［RECORD］键记录，记录完成，UNINIT（未初始化）变为USED（已使用）。

所有步骤完成后，查看用户坐标系标定结果。用户坐标系标定结果如图2-39所示。

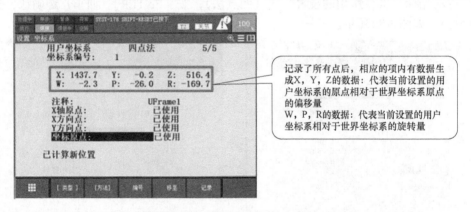

图2-39　用户坐标系标定结果

弧焊机器人的用户坐标系激活和检验方法和工具坐标系的激活和检验方法相同，至此完成对弧焊机器人的用户坐标系设置，同学们还可仿照此方法对不同角度下的变位机进行用户坐标系设置。

本次任务针对加工情况复杂的弧焊机器人的加工路线和工艺进行用户坐标系的设置，分析了弧焊机器人加工工作台（变位机）的加工形貌，并根据其几何特征选取四点法设置多个用户坐标系，使整个弧焊机器人的各种加工路线形成一个体系，在必要情况下可以对不同的坐标系进行切换。

## 2.6　思考与练习

（1）工具坐标系的作用是什么？它与基坐标系之间是如何建立变换关系的？

（2）工具坐标系和用户坐标系是如何建立联系的？

（3）请在ROBOGUIDE中反复练习工具坐标系和用户坐标系的标定步骤。

# 第3章

## Chapter

# 创建测试机器人任务程序

## 3.1 任务介绍

　　了解机器人编程的基本知识和过程，理解并掌握机器人工具坐标系和用户坐标系的原理，在此基础上熟悉坐标系的设置方法并学会在不同的工作任务下完成对机器人工具坐标系和用户坐标系的设置。

　　学习机器人编程基本程序指令，熟练掌握基本运动指令并运用示教器创建测试程序，在已创建程序的基础上对相应的程序进行修改，掌握机器人程序的整套流程化设计，在此基础上掌握对典型机器人工作站进行任务式编程和测试的方法。

## 3.2 任务一：管理机器人程序

### 3.2.1 创建程序

　　程序的创建，主要执行如下处理：

1）记录程序和设定程序详细信息。

2）修改标准指令语句（标准动作指令和标准弧焊指令）。

3）示教动作指令。

4）示教点焊、码垛、弧焊、封装指令和各类控制指令。

　　程序的创建流程一般如下：

1）记录程序：创建一个新名称的空程序。

2）设定程序详细消息：设定程序的属性。

3）修改标准指令语句：重新设定动作指令示教时要使用的标准指令。

4）示教动作指令：对动作指令和动作附加指令进行示教。

5）示教控制指令：对码垛堆积指令等控制指令进行示教。

程序的创建或修改，通过示教器进行操作。创建和修改程序流程如图3-1所示。通过示教器进行程序的创建或修改时，通常情况下示教器应设定在有效状态（背景编辑有效时除外）。

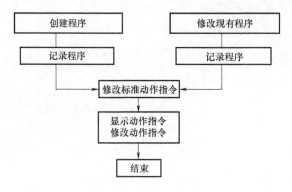

图3-1　创建和修改程序流程

### 3.2.2　编辑程序（EDCMD）

编辑指令的步骤如下：

1）按［SELECT］键进入程序目录界面，再选择需编辑的程序。程序编辑界面如图3-2所示。

2）按［NEXT］键切换功能键内容，使F5对应为［EDCMD］。指令编辑键如图3-3所示。

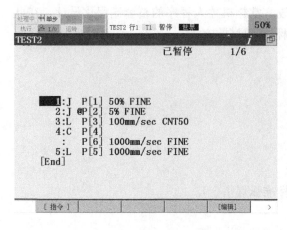

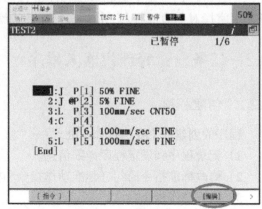

图3-2　程序编辑界面

图3-3　指令编辑键

3）按F5［EDCMD］（编辑）键，弹出图3-4所示程序编辑指令对话框，EDCMD菜单说明见表3-1。

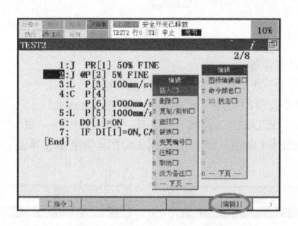

图 3-4 程序编辑指令对话框

**表 3-1 EDCMD 菜单说明**

| 项目 | 说明 |
|---|---|
| Insert<br>（插入） | 插入空白行：将所需数量的空白行插入到现有的程序语句之间。插入空白行后，重新赋予行编号 |
| Delete<br>（删除） | 删除程序语句：将所指定范围的程序语句从程序中删除。删除程序语句后，重新赋予行编号 |
| Copy/Cut<br>（复制/剪切） | 复制/剪切程序语句：先复制/剪切一段程序语句集，然后粘贴到程序中的其他位置。复制程序语句时，选择复制源的程序语句范围，将其记录到存储器中。程序源语句一旦被复制，可以多次插入粘贴使用 |
| Find<br>（查找） | 查找所指定的程序指令要素 |
| Replace<br>（替换） | 将所指定的程序指令要素替换为其他要素，例如，在更改了影响程序的设置数据的情况下，使用该功能 |
| Renumber<br>（变更编号） | 以升序重新赋予程序中的位置编号：位置编号在每次对动作指令进行示教时，自动累加生成。经过反复执行插入和删除操作，位置编号在程序中会显得凌乱无序。通过变更编号，可使位置编号在程序中依序排列 |
| Comment<br>（注释） | 可以在程序编辑界面内对以下指令的注释进行显示/隐藏切换。但是，不能对注释进行编辑<br>DI、DO、RI、RO、GI、GO、AI、AO、UI、UO、SI、SO指令<br>寄存器指令<br>位置寄存器指令（包含动作指令的位置数据格式的位置寄存器）<br>码垛寄存器指令<br>动作指令的寄存器速度指令 |
| Undo<br>（取消） | 取消一步操作：可以取消指令的更改、行插入、行删除等程序编辑操作。若在编辑程序的某一行时执行取消操作，则相对该行执行的所有操作全部都取消。此外，在行插入和行删除中，取消所有已插入的行和已删除的行 |
| Remark<br>（改为备注） | 通过指令的备注，就可以不执行该指令，可以对多条指令备注，或者予以解除。被备注的指令，在行的开头显示—// ‖ |
| 图标编辑器 | 进入图标编辑界面，在带触摸屏的TP上，可直接触摸图表进行程序的编辑 |
| 命令颜色 | 使某些命令如I/O命令以彩色显示 |
| I/O 状态 | 在命令中显示I/O的实时状态 |

### 3.2.3 查看程序属性

查看程序属性的操作步骤：

1）按［SELECT］（一览）键，显示程序目录界面。

2）移动光标选中要查看的程序（示例：复制程序 HOME2）。

3）若功能键中无［DETAIL］（详细）项，按［NEXT］（下一页）键切换功能键内容。

4）按 F2［DETAIL］（详细）键，出现图 3-5 所示程序属性界面，与程序属性相关的条目含义如图 3-5。

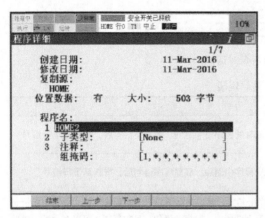
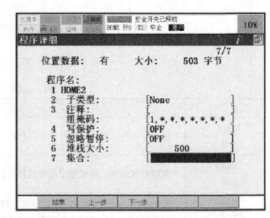

图 3-5　程序属性界面

5）把光标移至需要修改的项（只有 1~8 项可以修改），按［ENTER］（回车）键或按 F4［CHOICE］（选择）键进行修改。

6）修改完毕，按 F1［END］（结束）键，回到［SELECT］界面。

### 3.2.4 执行程序

示教器启动方式：顺序连续执行（在模式开关为 T1/T2 条件下进行）以下步骤：

1）按住安全开关［DEADMAN］。

2）把 TP 开关转到［ON］（开）状态。

3）移动光标到要开始执行的指令处。程序执行界面如图 3-6 所示。

4）确认［STEP］（单步）指示灯不亮，若［STEP］（单步）指示灯亮，按［STEP］（单步）键切换指示灯的状态。程序状态指示图标如图 3-7 所示。

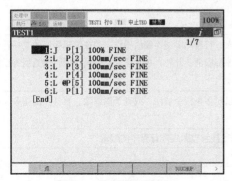

图 3-6　程序执行界面

图 3-7　程序状态指示图标

5）按住［SHIFT］键，再按一下［FWD］键开始执行程序。程序运行完，机器人停止运动。

### 3.2.5　中断执行程序

1）执行：TP屏幕将显示程序的执行状态为：RUNNING（运行中）。程序运行状态指示图标（运行中）如图3-8所示。

图3-8　程序运行状态指示图标（运行中）

2）终止：TP屏幕将显示程序的执行状态为：ABORTED（中止）。程序运行状态指示图标（中止）如图3-9所示。

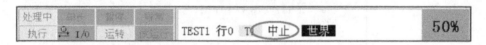

图3-9　程序运行状态指示图标（中止）

3）暂停：TP屏幕将显示程序的执行状态为：PAUSED（暂停）。程序运行状态指示图标（暂停）如图3-10所示。

图3-10　程序运行状态指示图标（暂停）

## 3.3　任务二：学会修改机器人程序

### 3.3.1　选择程序指令

（1）插入空白行（INSERT）　将所需数量的空白行插入到现有的程序语句之间。插入空白行后，重新赋予行编号。步骤如下：

1）进入编辑界面，显示 F5［EDCMD］（编辑）键。

2）移动光标到所需要插入空白行的位置（空白行插在光标行之前）。

3）按 F5［EDCMD］（编辑）键。

4）移动光标到［INSERT］（插入）项，并按［ENTER］（回车）键确认。程序编辑指令（插入）如图3-11所示。

5）屏幕下方会出现 How many line to insert?（插入多少行？）提示，用数字键输入所需要插入的行数（示例：插入 2 行），并按

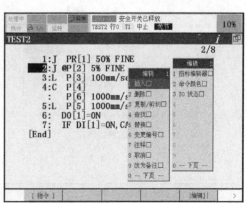

图3-11　程序编辑指令（插入）

[ENTER]（回车）键确认。插入空白行指令执行结果如图3-12所示。

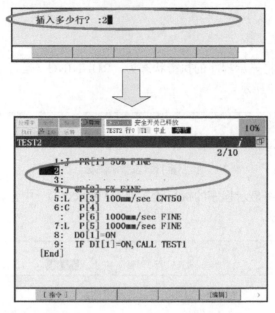

图3-12　插入空白行指令执行结果

（2）删除指令行（DELETE）　删除程序语句：将指定范围的程序语句从程序中删除。删除程序语句后，重新赋予行编号。

步骤如下：

1）进入编辑界面，显示 F5［EDCMD］（编辑）键。

2）移动光标到所要删除的行。

3）按 F5［EDCMD］（编辑）键。

4）移动光标到［DELETE］（删除）项。程序编辑指令（删除）如图 3-13 所示，并按［ENTER］（回车）键确认。

5）屏幕下方会出现 Delete line（s）?（是否删除行?）提示，移动光标选中所需要删除的行（可以是单行或是连续的几行）。删除指令执行提示如图 3-14 所示。

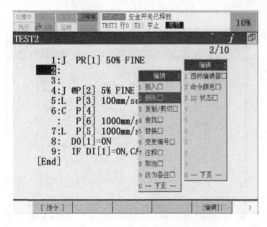

图3-13　程序编辑指令（删除）

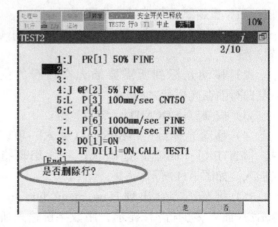

图3-14　删除指令执行提示

6）按 F4〔YES〕（是）键确认删除，即可删除所选行，删除指令执行确认如图 3-15 所示。

（3）复制/剪切程序语句 先复制/剪切一段程序语句集，然后粘贴到程序中的其他位置。复制程序语句时，选择复制源的程序语句范围，将其记录到存储器中。程序语句一旦被复制，可以多次插入粘贴使用。

步骤如下：

1）进入编辑界面，显示 F5〔EDCMD〕（编辑）键。

2）移动光标到所要复制或剪切的行。

3）按 F5〔EDCMD〕（编辑）键。

4）移动光标到〔COPY/CUT〕（复制/剪切）项。程序编辑指令（复制/剪切）如图 3-16 所示，并按〔ENTER〕（回车）键确认。

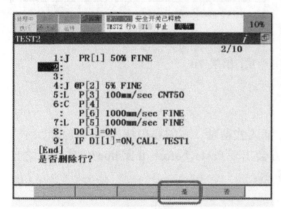 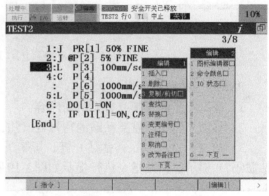

图 3-15　删除指令执行确认　　　　　　　图 3-16　程序编辑指令（复制/剪切）

5）按 F2〔SELECT〕（选择）键，屏幕下方会出现〔COPY〕（复制）和〔CUT〕（剪切）两个选项。复制/剪切范围选择界面如图 3-17 所示。

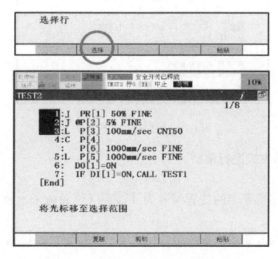

图 3-17　复制/剪切范围选择界面

6）向上或向下移动光标，选择需要复制或剪切的指令行，然后根据需要选择 F2〔复制] 或者F3 [剪切]，出现图3-18所示复制/剪切指令执行结果界面。

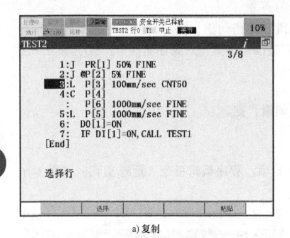

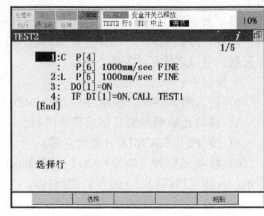

a) 复制　　　　　　　　　　　　　　　　b) 剪切

图3-18　复制/剪切指令执行结果界面

PASTE（粘贴）步骤如下：

1）按以上步骤复制或剪切所需内容。

2）移动光标到所需要粘贴的行号处（注：插入式粘贴，不需要先插入空白行）。

3）按 F5 [PASTE]（粘贴）键，屏幕下方会出现Paste before this line?（在该行之前粘贴吗?）提示。粘贴指令执行提示如图3-19所示。

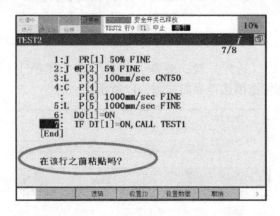

图3-19　粘贴指令执行提示

4）选择合适的粘贴方式进行粘贴。

粘贴方式：

F2（逻辑）：在动作指令中的位置编号为 [...]（位置尚未示教）的状态下插入粘贴，即不粘贴位置信息。

F3（位置ID）：在未改变动作指令中的位置编号及位置数据状态下插入粘贴，即粘贴位置信息和位置编号。

F4（位置数据）：在未更新动作指令中的位置数据，但位置编号被更新的状态下插入粘贴，即粘贴位置信息并生成新的位置编号。粘贴指令执行结果如图3-20所示。

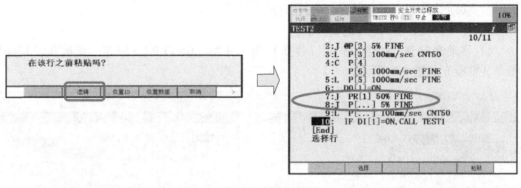

图 3-20 粘贴指令执行结果

（4）查找指令（FIND） 作用：查找所指定的程序指令要素。

步骤如下：

1）进入编辑界面，显示 F5［EDCMD］（编辑）键。

2）移动光标到所要开始查找的行号处。

3）按 F5［EDCMD］（编辑）键。

4）移动光标到［FIND］（查找）项，并按［ENTER］（回车）键确认。程序编辑指令（查找）如图 3-21 所示。

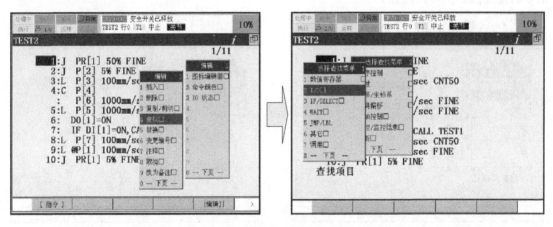

图 3-21 程序编辑指令（查找）

5）选择将要查找的指令要素。图 3-22 选择查找项目界面显示的是查找 DO 指令。

6）要查找的要素存在定值的情况下，输入该数据，如图 3-22 所示。需要进行与定值无关的查找时，不用输入，直接按［ENTER］（回车）键。

**\*注意：**
需要查找的指令若在程序内，则光标停止在该指令位置。

7）要进一步查找相同的指令时，按 F4［NEXT］（下一个）键。

8）要结束查找指令时，按 F5［EXIT］（退出）键。

（5）替换指令（REPLACE） 将所指定的程序指令的要素替换为其他要素。

替换步骤如下：

1）进入编辑界面，显示 F5［EDCMD］（编辑）键。

2）移动光标到所要开始查找的行号处。

3）按 F5［EDCMD］（编辑）键。

4）移动光标到［REPLACE］（替换）项，并按［ENTER］（回车）键确认。程序编辑指令（替换）如图3-23所示。

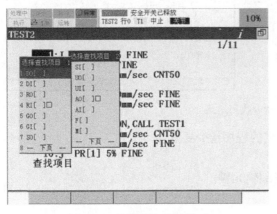

图3-22 选择查找项目界面

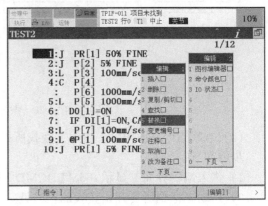

图3-23 程序编辑指令（替换）

5）选择需要替换的指令要素，按［ENTER］（回车）键确认。图3-24显示的是将动作指令的速度值替换为其他值。

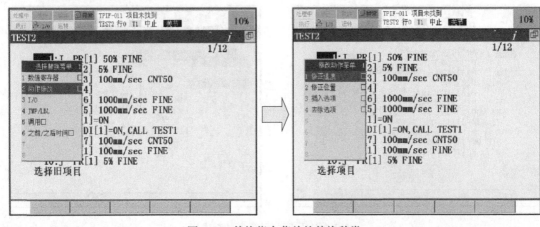

图3-24 替换指令菜单的替换种类

可替换的要素如下：

➤ —Replace speed（修正速度）：将速度值替换为其他值。

➤ —Replace term（修正位置）：将定位类型替换为其他值。

➤ —Insert option（插入选项）：插入动作控制指令。

➤ —Remove option（去除选项）：删除动作控制指令。

6）选择Replace speed（修正速度），并按［ENTER］（回车）键确认。接下来选择修正速度选项（动作类型选择）如图3-25所示。

可选择的修正速度类型如下：

➤ —Unspecified type（未指定的类型）：替换所有动作指令中的速度。

➤ —J：只替换关节动作指令中的速度。

➢ —L：只替换直线动作指令中的速度。

➢ —C（圆弧）：只替换圆弧动作指令中的速度。

➢ —A（C圆弧）：只替换C圆弧动作指令中的速度。

选择完替换哪个动作类型的动作指令中的速度值，并按［ENTER］（回车）键确定。接下来选择修正速度选项（速度值指定类型）如图3-26所示。

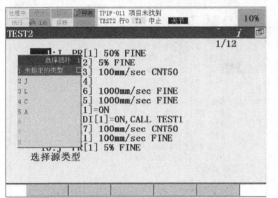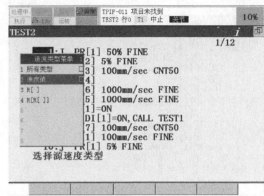

图3-25 修正速度选项（动作类型选择）　　　　图3-26 修正速度选项（速度值指定类型）

可选择的修正速度值类型如下：

➢ —ALL type（所有类型）：对速度类型不予指定。

➢ —Speed value（速度值）：速度类型为数值指定类型。

➢ —R［ ］：速度类型为寄存器直接指定类型。

➢ —R［R［ ］］：速度类型为寄存器间接指定类型。

7）选择替换哪种速度值类型，并按［ENTER］（回车）键确定，出现图3-27所示修正速度选项（速度单位类型）界面。

8）指定替换为哪种速度单位，并按［ENTER］（回车）键确定，出现图3-28所示修正速度选项（速度值类型）界面。

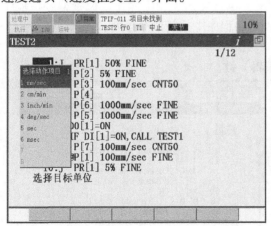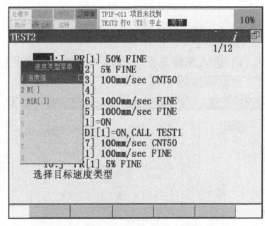

图3-27 修正速度选项（速度单位类型）　　　　图3-28 修正速度选项（速度值类型）

速度单位类型如下：

➢ —Speed value（速度值）：速度类型为数值指定类型。

➢ —R［ ］（寄存器［ ］）：速度类型为寄存器直接指定类型。

➢ 一R［R［ ］］（寄存器［寄存器［ ］］）：速度类型为寄存器间接指定类型。

9）指定替换为哪种速度单位类型，并按［ENTER］（回车）键确定，出现图3-29所示修正速度值输入界面。

10）输入需要的速度值。修正速度值确认界面如图3-30所示。

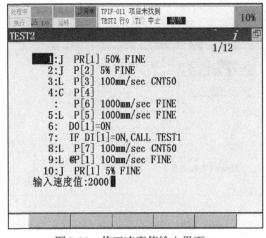

图3-29　修正速度值输入界面

图3-30　修正速度值确认界面

指定替换范围的方法：

F2—ALL（全部）：替换当前光标所在行以后的全部该要素。

F3—YES（是）：替换光标所在位置的要素，查找下一个该候选要素。

F4—NEXT（下一个）：查找下一个该候选要素。

1）选择替换方法（如 F2［全部］）。

2）结束时，按 F5［EXIT］（退出）键。

（6）变更编号（RENUMBER）　以升序重新赋予程序中的位置编号：位置编号在每次对动作指令进行示教时，自动累加生成。经过反复执行插入和删除操作，位置编号在程序中会显得凌乱无序。通过变更编号，可使位置编号在程序中重新依序排列。

步骤如下：

1）进入编辑界面，显示F5［EDCMD］（编辑）键。

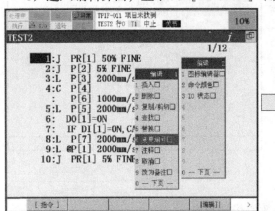
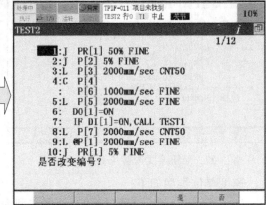

图3-31　程序编辑指令（变更编号）界面

2）按 F5［EDCMD］（编辑）键。

3）移动光标到［RENUMBER］（变更编号）项，并按［ENTER］（回车）键确认，出现图 3-31 所示程序编辑指令（变更编号）界面。

4）按 F4［YES］键变更编号。按 F5［NO］键取消操作。

选择程序的操作步骤如下：

1）按［SELECT］（一览）键，显示程序目录界面。

2）移动光标选中需要的程序。

3）按［ENTER］（回车）键进入编辑界面。选择程序界面如图 3-32 所示。

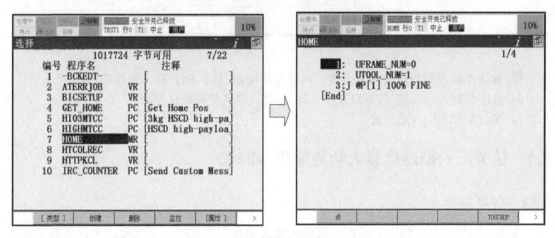

图 3-32　选择程序界面

### 3.3.2　删除程序

删除程序的操作步骤如下：

1）按［SELECT］（一览）键，显示程序目录界面。

2）移动光标选中要删除的程序名（示例：删除程序 TEST1）。

3）按 F3［DELETE］（删除）键，出现 Delete OK？（是否删除？）提示。程序删除确认界面如图 3-33 所示。

4）按 F4［YES］（是）键确定后，即可删除所选程序。

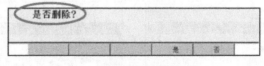

图 3-33　程序删除确认界面

### 3.3.3　复制程序

复制程序的操作步骤如下：

1）按［SELECT］（一览）键，显示程序目录界面。

2）移动光标选中要被复制的程序名（示例：复制程序 HOME）。

3）若功能键中无［COPY］（复制）键，按［NEXT］（下一页）键切换功能键内容。

4）按 F1［COPY］（复制）键，出现如图 3-34 所示程序复制界面。

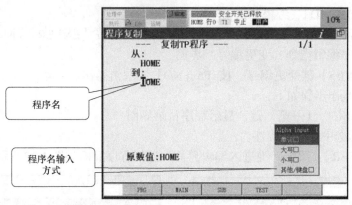

图3-34 程序复制界面

5）移动光标选择程序名输入方式，再使用功能键（F1~F5）输入程序名。

6）程序名输入后，按［ENTER］（回车）键，出现是否确认界面。

7）按 F4［YES］（是）键。

## 3.4 任务三：搬运机器人轨迹编程与测试

### 3.4.1 任务描述

在建立的基本工作站中完成搬运机器人轨迹编程与测试的仿真模拟。本任务将要实现搬运手爪从HOME点到接近点到抓取点抓取工件，再运动到放置位置的接近点，到达放置点，通过往复轨迹运动回到HOME点。

### 3.4.2 创建程序

1）任何时候按下示教器界面的［SELECT］（一览）键，显示程序目录界面。程序目录界面如图3-35所示。

2）按F2［CREATE］（创建）键，则进入创建TP程序界面。

3）移动光标选择程序名输入方式，再使用功能键（F1~F5）输入程序名。程序名输入界面如图3-36所示。

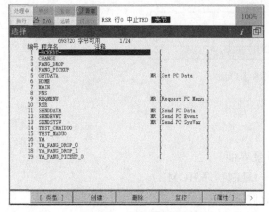

图3-35 程序目录界面

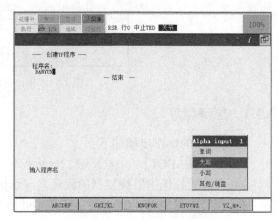

图3-36 程序名输入界面

4）按［ENTER］（回车）键确认。

### 3.4.3 示教修改程序

按F3［EDIT］（编辑）键进入编辑界面。程序编辑界面如图3-37所示。

1）进入程序界面，动作指令输入界面如图3-38所示。

2）进入编辑界面。

3）按F1［POINT］（点）键，出现图3-39所示动作指令选择界面。

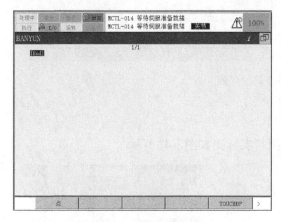

图 3-37　程序编辑界面　　　　　　　　　　图 3-38　动作指令输入界面

4）移动光标选择合适的动作指令格式，按［ENTER］（回车）键确认，生成动作指令，将当前机器人的位置记录下来。动作指令生成界面如图3-40所示。

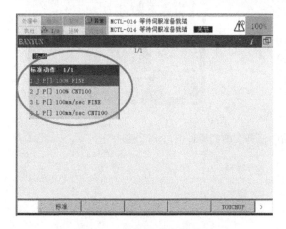
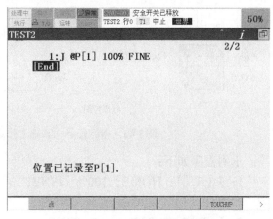

图 3-39　动作指令选择界面　　　　　　　　图 3-40　动作指令生成界面

5）修改动作指令

① 进入编辑界面。

② 将光标移到需要修改的动作指令的指令要素项。

③ 按F4［CHOICE］（选择）键，显示指令要素的选择项一览，选择需要更改的条目，按［ENTER］（回车）键确认。

如图3-41所示的动作指令修改界面显示了将动作类型从直线动作更改为关节动作。

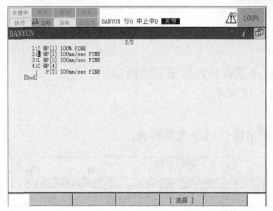 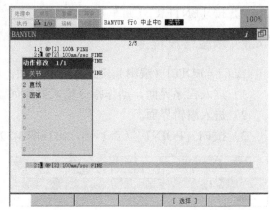

图3-41　动作指令修改界面

### 3.4.4　编制程序

搬运任务在基础工作站中任务实施的原理图与实际图如图3-42所示。

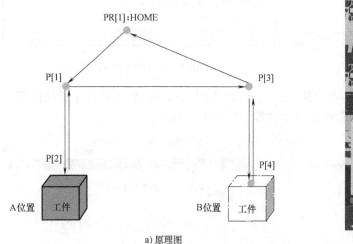 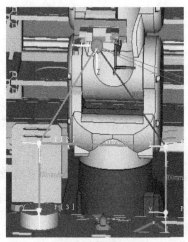

a) 原理图　　　　　　　　　　　　　b) 实际图

图3-42　搬运任务在基础工作站中任务实施的原理图与实际图

示例程序如下：

1：J PR［1：HOME］100% 　FINE；

2：L P［1］　2000mm/sec CNT50；

3：L P［2］　2000mm/sec FINE；

4：RO［1］=ON；　　　　　　　　　　//手爪关闭，抓取工件；

5：WAIT 0.5sec；

6：L P［1］　2000mm/sec CNT50；

7：L P［3］　2000mm/sec CNT50；

8：L P［4］　2000mm/sec FINE；

9：RO［1］=OFF；　　　　　　　　　　//手爪打开，放置工件；

10：WAIT 0.5sec；

11：L P [3] 2000mm/sec CNT50；

12：J PR [1：HOME] 100% FINE；

[END]

### 3.4.5　执行程序

1）按住安全开关 [DEADMAN]。

2）把 TP 开关转到 [ON]（开）状态。

3）移动光标到要开始执行的指令处。程序执行界面如图3-43所示。

4）确认 [STEP] 指示灯不亮，若 [STEP] 指示灯亮，按 [STEP] 键切换指示灯的状态。程序状态指示图标如图3-44所示。

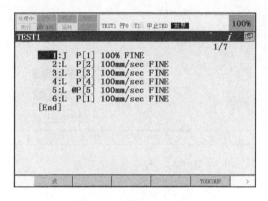

图3-43　程序执行界面

图3-44　程序状态指示图标

5）按住 [SHIFT] 键，再按一下 [FWD] 键开始执行程序。程序运行完，机器人停止运动。

6）程序运行状态指示图标如图3-45所示，根据指示图标判断程序运行状态。

图3-45　程序运行状态指示图标

针对本次搬运机器人抓取物件的示例，在实际测试过程中会遇到各种问题，如障碍物的避碰、工件位姿的摆放问题以及每段运动的速率调节等。在实际机器人抓取任务过程中应尽量解决这些问题，并做到进一步优化程序和机器人运动姿态，使机器人能够快速准确地实施任务。

## 3.5　任务四：弧焊机器人轨迹编程与测试

### 3.5.1　任务描述

在建立的弧焊机器人工作站中，模拟利用弧焊机器人对一方形的工件进行轨迹焊接，完成弧焊机器人轨迹编程与测试的任务，并学会使用弧焊指令。

### 3.5.2 创建程序

1）任何时候都可以按下示教器界面的［SELECT］（一览）键显示程序目录界面。程序目录界面如图3-46所示。

2）按下F2［CREATE］（创建），则进入创建TP程序界面。

3）移动光标选择程序名输入方式，再使用功能键（F1~F5）输入程序名。程序名输入界面如图3-47所示。

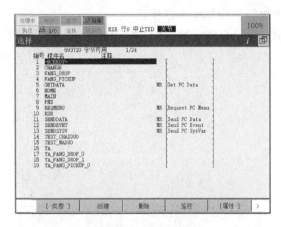

图3-46 程序目录界面

图3-47 程序名输入界面

### 3.5.3 编制弧焊程序

基础弧焊指令示例：

1）弧焊开始，按［F1］键选择起弧指令。起弧指令如图3-48所示。

2）弧焊过程，按［F2］键选择弧焊轨迹指令。弧焊指令如图3-49所示。

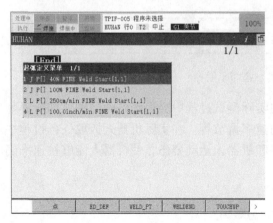

图3-48 起弧指令

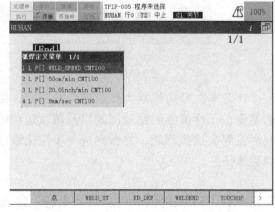

图3-49 弧焊指令

3）弧焊结束，按［F3］键选择弧焊结束指令。弧焊结束指令如图3-50所示。

以方形工件的焊接为例，机器人按照如下轨迹运行：1→2→3→4→5→6→7→8→9→10→11→1。弧焊轨迹如图 3-51所示。

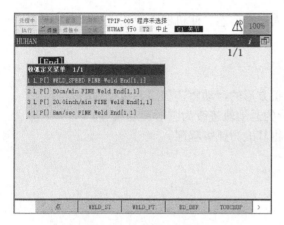

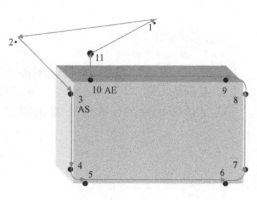

图3-50　弧焊结束指令　　　　　　　　　　图3-51　弧焊轨迹

为实现该轨迹的焊接，焊接程序如下：

1: J P [1] 100% CNT 100;

2: J P [2] 100% CNT 100;

3: J P [3] 100% FINE Second Stage of Exercise;

Arc Start [1]

4: L P [4] 100 IPM CNT 100;

5: J P [5] 20% CNT 100);

6: L P [6] 100 IPM CNT 100;

7: J P [7] 20% CNT 100);

8: L P [8] 100 IPM CNT 100;

9: J P [9] 20% CNT 100);

10: L P [10] 100 IPM FINE;

Arc End [1]

11: J P [11] 100% CNT 100;

12: J P [1] 100% CNT 100;

[End]

### 3.5.4　执行程序

1）按住安全开关［DEADMAN］。

2）把 TP 开关转到［ON］（开）状态。

3）移动光标到要开始执行的指令。

4）确认［STEP］（单步）指示灯不亮，若［STEP］（单步）指示灯亮，按［STEP］（单步）键切换指示灯的状态。

5）按住［SHIFT］键，再按一下［FWD］键开始执行程序。程序运行完，机器人停止运动。

6）判断程序运行状态。

针对本次弧焊机器人焊接物件的示例，在实际测试过程中会遇到各种问题，如弧焊参数的选择、机械结构间的干涉以及焊接周期节拍等。在实际的弧焊轨迹仿真模拟中应尽量解决这些问题，并做到进一步优化程序和机器人运动姿态，使机器人快速准确地实施任务。

## 3.6 思考与练习

（1）创建一个自己命名的程序，编辑一个正方形的运动轨迹程序并执行程序。

（2）复制练习题（1）中的程序，将正方形的运动轨迹改为圆形运动轨迹。

（3）选择练习题（1）或（2）中的程序，将其改为弧焊程序。

第 $4$ 章

Chapter

学习机器人基本指令

## 4.1 任务素材及任务介绍

完成本章任务所需的 SolidWorks 三维素材以及供参考的 ROBOGUIDE 素材，请扫描图 4-1 和图 4-2 所示二维码获取。

图 4-1　SoildWorks 素材

图 4-2　ROBOGUIDE 素材

本章将以机器人基础工作台为对象，学习机器人的基本指令操作。

## 4.2 任务一：认识机器人运动控制指令

机器人常用的控制指令拓扑图如图 4-3 所示。

**1. 寄存器指令 Registers**

寄存器指令是进行寄存器的算术运算的指令，常用寄存器见表 4-1。寄存器支持+，–，*，/四则运算和多项式运算，例：

1）R［2］=R［3］–R［4］+R［5］–R［6］

2）R［10］=R［2］*100/R［6］

需要注意的是，运算符+，-可以在同一行混合使用。此外，*，/也可以混合使用。但是，+，-和*，/则不可在同一行混合使用。

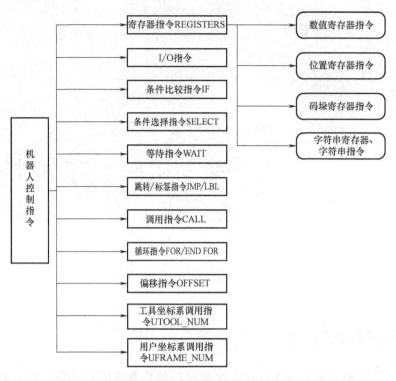

图4-3　机器人常用的控制指令拓扑图

表4-1　常用寄存器

| 寄存器类别 | 符号 | 功能 | 运算 |
|---|---|---|---|
| 数值寄存器指令 | R[i] | 进行寄存器的算术运算的指令，用来存储某一整数值或小数值的变量 | R[i]=(值)<br>R[i]=(值)+/-(值)<br>R[i]=(值)*/(值)<br>R[i]=(值)MOD/DIV(值) |
| 位置寄存器指令 | PR[i] | 进行位置寄存器的算术运算的指令，用来存储位置资料(x,y,z,w,p,r)的变量 | PR[i] =(值)<br>PR[i] =(值)+(值) |
| 位置寄存器要素指令 | PR[i,j] | i 表示位置寄存器号码，j 表示位置寄存器的要素号码 | PR[i,j]=(值)<br>PR[i,j]=(值)+/-(值)<br>PR[i,j]=(值)*/(值)<br>PR[i,j]=(值)MOD/DIV(值) |

查看寄存器值步骤如下：

1）按［Data］键，再按 F1［TYPE］（类型）键，出现以下内容（图4-4），根据要查看的寄存器类型进行查看，图中以查看数值寄存器为例。

2）移动光标选择［REGISTERS］（数值寄存器），按［ENTER］（回车）键。显示数值寄存器编辑界面如图4-5所示。

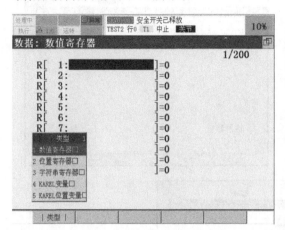

图4-4　数值寄存器窗口

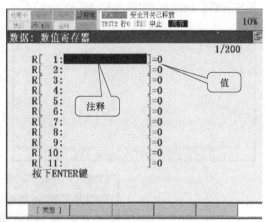

图4-5　数值寄存器编辑界面

3）把光标移至寄存器号后，按［ENTER］（回车）键，输入注释。

4）把光标移到数值处，使用数字键可直接修改数值。

在程序中加入寄存器指令步骤如下：

1）进入编辑界面，按 F1［INST］（指令）键，显示控制指令一览。控制指令界面如图4-6所示。

2）选择［REGISTERS］（数值寄存器），按［ENTER］（回车）键确认。

3）选择所需要的指令格式，按［ENTER］（回车）键确认。数值寄存器选择界面如图4-7所示。

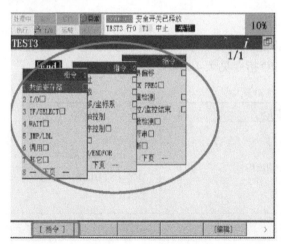

图4-6　控制指令界面

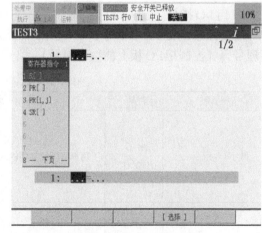

图4-7　数值寄存器选择界面

4）根据光标位置选择相应的项，输入数值。数值寄存器数值编辑界面如图4-8所示。

**2. I/O（信号）指令 I/O**

I/O（输入/输出信号）指令，是改变外围设备的输出信号状态，或读出输入信号状态的指令，包括以下几类：

➤（系统）数字I/O指令。

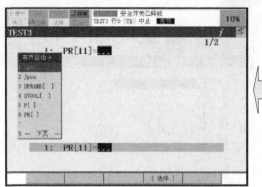
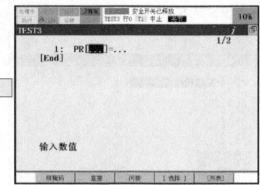
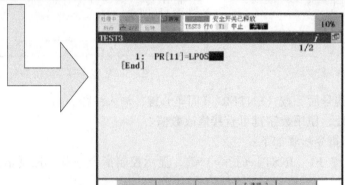

图 4-8　数值寄存器数值编辑界面

> 机器人（数字）I/O指令。
> 模拟I/O指令。
> 组I/O指令。

需要注意的是：I/O信号，在使用前需要将逻辑号码（示教器现实的I/O编号）配置给物理号码（控制柜I/O板上的物理编号），常用I/O指令见表4-2。

表4-2　常用I/O指令

| 指令类别 | 符号 | 功能 | 运算 |
|---|---|---|---|
| 数字I/O指令 | DI[i] DO[i] | 用户可以控制的输入/输出信号 | R[i] = DI[i] DO[i] = ON/OFF DO[i] = PULSE,[时间] DO[i] = RI[i] |
| 机器人I/O指令 | RI[i] RO[i] | 用户可以控制的输入/输出信号,对应于机器人本体上的EE接口 | R[i] = RI[i] RO[i] = ON/OFF RO[i] = PULSE,[时间] RO[i] = R[i] |
| 模拟I/O指令 | AI[i] AO[i] | 连续值的输入/输出信号,表示该值的大小为温度和电压之类的数据值 | RI[i] = AI[i] AO[i] = (值) AO[i] = R[i] |

（续）

| 指令类别 | 符号 | 功能 | 运算 |
|---|---|---|---|
| 组I/O指令 | GI[i]<br>GO[i] | 对几个数字输入/输出信号进行分组,以一个指令来控制这些信号 | R[i] = GI[i]<br>GO[i] = (值)<br>GO[i] = R[i] |

程序中加入I/O（信号）指令步骤如下：

1）进入编辑界面。

2）按 F1［INST］（指令）键，显示控制指令一览。

3）选择 I/O（信号），按［ENTER］（回车）键确认。加入信号指令界面图4-9所示。

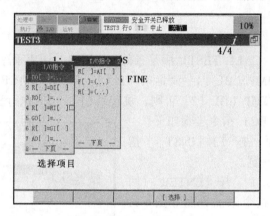

图4-9　加入信号指令界面

4）选择所需要的项，按［ENTER］（回车）键确认。

5）根据光标位置输入值或选择相应的项并输入值。

**3. 条件比较指令IF**

条件比较指令是当条件满足，则指令转移到所指定的跳跃指令或子程序调用指令。若条件不满足，则执行下一条指令。

可以通过逻辑运算符—or‖（或）和—and‖（与）将多个条件组合在一起，但是—or‖（或）和—and‖（与）不能在同一行中使用。

例如：

IF（条件 1）and（条件 2）and（条件 3）是正确的。

IF（条件 1）and（条件 2）or（条件 3）是错误的。

示例1：

IF R［1］<3, JMP LBL［1］。如果满足R［1］的值小于3的条件，则跳转到标签1 处。

示例2：

IF DI［1］=ON, CALL TEST。如果满足DI［1］等于ON的条件，则调用程序 TEST。

示例3：

IF R［1］<=3 AND DI［1］〈〉ON, JMP LBL［2］。如果满足R［1］的值小于等于3 并且DI［1］不等于ON的条件，则跳转到标签2处。

示例4：

55

IF R [1]>=3 OR DI [1]=ON，CALL TEST2。如果满足R [1] 的值大于等于3或者DI [1] 等于ON的条件，则调用程序TEST2。

**4. 条件选择指令 SELECT**

SELECT根据寄存器的值转移到所指定的跳跃指令或子程序调用指令，调用程序指令如图4-10所示。

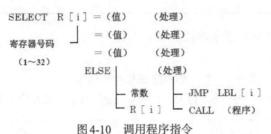

图4-10　调用程序指令

示例：

SELECT R [1]=1，CALL TEST1 满足条件R [1]=1，调用程序TEST1

　　　　　=2，JMP LBL [1] 满足条件R [1]=2，跳转到LBL [1] 执行程序

　　　　ELSE，JMP LBL [2] 否则，跳转到LBL [2] 执行程序

程序中加入 IF/SELECT 指令步骤如下：

1) 进入编辑界面，按 F1 [INST] （指令）键，显示控制指令一览。

2) 选择 [IF/SELECT]，按 [ENTER] （回车）键确认。条件选择指令添加界面如图4-11所示。

3) 选择所需要的项，按 [ENTER] （回车）键确认。

4) 输入值或移动光标位置选择相应的项，输入值。

**5. 待命指令WAIT**

待命指令可以在所指定的时间或条件得到满足之前使程序的执行待命。可选格式见表4-3。

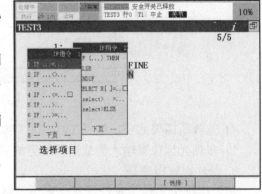

图4-11　条件选择指令添加界面

表4-3　WAIT指令格式

| WAIT | （variable） | （operator） | （value） | TIMEOUT LBL[i] |
|---|---|---|---|---|
| | Constant | > | Constant | |
| | R[i] | >= | R[i] | |
| | AI/AO | = | ON | |
| | GI/GO | <= | OFF | |
| | DI/DO | < | | |
| | UI/UO | <> | | |

**\*注意：**

可以通过逻辑运算符—or‖（或）和—and‖（与）将多个条件组合在一起，但是—or‖（或）和—and‖（与）不能在同一行使用。

当程序在运行中遇到不满足条件的等待语句，会一直处于等待状态，如需要人工干预时，可以通过按［FCTN］（功能）键后，选择7［RELEASE WAIT］（解除等待）跳过等待语句，并在下个语句处等待。

示例：

程序等待指定时间

WAIT 2.00 sec　　　　等待2s后，程序继续往下执行程序等待指定信号，如果信号不满足，程序将一直处于等待状态。

WAIT DI［1］=ON　　　　等待 DI［1］信号为ON，否则，机器人程序一直停留在本行程序等待指定信号，如果信号在指定时间内不满足，程序将跳转至标签，超时时间由参数决定。

$WAITTMOUT 指定例，参数指令在其他指令中。

$WAITTMOUT=200　　　　超时时间为2s

WAIT DI［1］=ON TIMEOUT，LBL［1］　　等待DI［1］信号为ON，若2s内信号没有为ON，则程序跳转至标签1。

在程序中加入WAIT指令步骤如下：

1）进入编辑界面。

2）按 F1［INST］（指令）键，显示控制指令一览。

3）选择［WAIT］（等待）键，按［ENTER］（回车）键确认，显示图4-12所示等待指令界面。

4）选择所需要的项，按［ENTER］（回车）键确认。

5）输入值或移动光标位置选择相应的项，再输入值。

**6. 标签指令/跳跃指令 LBL［i］/JMP LBL［i］**

标签指令：用来表示程序的转移目的地的指令。

　LBL［i：Comment］　　　　i：1 to 32766

跳跃指令：转移到所指定的标签。

　　J MP LBL　［i］　　　　　　i：1 to 32766

| 示例： | 示例： |
|---|---|
| 无条件跳转 | 有条件跳转 |
| JMP LBL［10］ | LBL［10］ |
| ⋮ | ⋮ |
| LBL［10］ | IF …，JMP LBL［10］ |

程序中输入JMP/LBL指令步骤如下：

1）进入编辑界面。

2）按F1［INST］（指令）键，显示控制指令一览。

3）选择［JMP/LBL］，按［ENTER］（回车）确认，显示图4-13所示跳转指令添加界面。

4）选择所需要的项，按［ENTER］（回车）键确认。

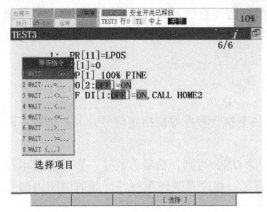

图 4-12　等待指令界面　　　　　　　图 4-13　跳转指令添加界面

### 7. 程序调用指令 CALL

程序调用指令使程序的执行转移到其他程序（子程序）的第 1 行后执行该程序。注意：被调用的程序执行结束时，返回到主程序调用指令后的指令。

CALL（PROGRAM）　　　PROGRAM：程序名

执行程序调用指令CALL步骤如下：

1）按 F1［INST］（指令）键，显示控制指令一览。

2）选择［CALL］（调用），按［ENTER］（回车）键确认，进入图4-14所示程序调用指令界面。

3）选择［CALL PROGRAM］（调用程序），按［ENTER］（回车）键。

4）再选择所调用的程序名，按［ENTER］（回车）键。

### 8. 循环指令 FOR/ENDFOR

循环指令通过用 FOR 指令作为开始和ENDFOR指令作为结束来包围需要循环执行的指令序列（循环体），根据由FOR指令指定的值，确定循环的次数。

FOR R［i］=（value）TO（value）

FOR R［i］=（value）DOWNTO（value）

Value：值为R［］或常数，范围从−32767到32766的整数。

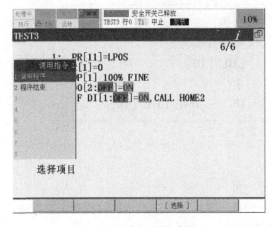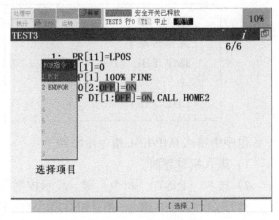

图 4-14　程序调用指令界面　　　　　　　图 4-15　循环指令界面

程序中输入 FOR/ENDFOR 指令步骤如下：

1）进入编辑界面。

2）按F1［INST］（指令）键，显示控制指令一览。

3）选择［FOR/ENDFOR］（循环指令），按［ENTER］（回车）确认，进入图4-15所示循环指令界面。

4）选择［FOR］，按［ENTER］（回车）键。

5）输入值或移动光标位置选择相应的项，再输入值。

**9. 位置补偿条件指令/位置补偿指令**

位置补偿条件指令：OFFSET CONDITION PR［i］/（偏移条件PR［i］）；位置补偿指令：OFFSET

通过此指令可以将原有的点偏移，偏移量由位置寄存器决定。位置补偿条件指令一直有效到程序运行结束或者下一个位置补偿条件指令被执行（注：位置补偿条件指令只对包含有控制动作指令OFFSET（偏移）的动作语句有效）。

程序中加入补偿指令步骤如下：

1）进入编辑界面。

2）按 F1［INST］（指令）键，显示控制指令一览。

3）选择［OFFSET/FRAMES］（偏移/坐标系）项，按［ENTER］（回车）键确认。

4）选择［OFFSET CONDITION］（偏移条件）项。位置补偿指令选择界面如图4-16所示，按［ENTER］（回车）键确认。

5）选择［PR［　］］项，并输入偏移的条件号。

注：具体的偏移值可在［DATA］（数据）-［POSITION REG］（位置寄存器）中设置。位置寄存器设置界面如图4-17所示。

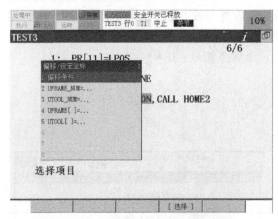

图4-16　位置补偿指令选择界面

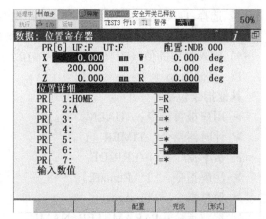

图4-17　位置寄存器设置界面

**10. 工具坐标系调用指令 UTOOL_NUM/用户坐标系调用指令 UFRAME_NUM**

工具坐标系调用指令：改变当前所选的工具坐标系编号。

用户坐标系调用指令：改变当前所选的用户坐标系编号。

示例：

➢ UTOOL_NUM=1　　　程序执行该行时，当前 TOOL 坐标系号会激活为1号。

➢ UFRAME_NUM=2　　　程序执行该行时，当前 USER 坐标系号会激活为2号。

程序中加入 UTOOL_NUM/UFRAME_NUM 指令步骤如下：

1）进入编辑界面，按 F1〔INST〕（指令）键，显示控制指令一览。

2）选择〔OFFSET/FRAMES〕（偏移/坐标系），按〔ENTER〕（回车）键确认。坐标系调用指令选择界面图4-18所示。

3）选择 UTOOL_NUM（工具坐标系编号）或 UFRAME_NUM（用户坐标系编号），按〔ENTER〕（回车）键确认。坐标系编程界面如图4-19所示。

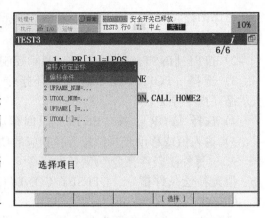

图4-18　坐标系调用指令选择界面

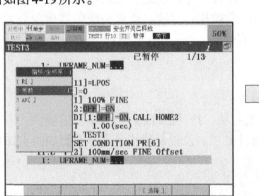
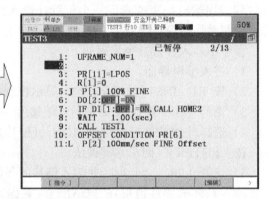

图4-19　坐标系编程界面

4）选择 UTOOL_NUM（工具坐标系编号）值的类型或 UFRAME_NUM（用户坐标系编号）值的类型，并按〔ENTER〕（回车）键确认。

5）输入相应的值（工具坐标号：1~10。用户坐标系编号：0~9）。

**11. 其他指令**

其他指令包括：

➤ 用户报警指令： UALM〔i〕。

➤ 计时器指令：TIMER〔i〕。

➤ 倍率指令：OVERRIDE。

➤ 注解指令： !（Remark）。

➤ 消息指令：Message。

➤ 参数指令：PARAMETER NAME。

*程序中加入这些指令步骤如下：

1）进入编辑界面，按 F1〔INST〕（指令）键，显示控制指令一览。

2）选择〔MISCELLANEOUS〕（其他），按〔ENTER〕（回车）键。其他指令选择界面如图4-20所示。

3）选择所需要的指令项，按〔ENTER〕

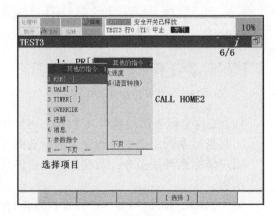

图4-20　其他指令选择界面

（回车）键确认。

各指令输入相应值/内容的方法如下：

1）用户报警指令 UALM［i］　　i：用户报警号。

当程序中执行该指令时，机器人报警并显示报警消息。使用该指令，要首先设置用户报警。依次按键选择［MENU］（菜单）→［SETUP］（设置）→F1［TYPE］（类型）→［USER ALARM］（用户报警）即可进入用户报警设置界面。用户报警设置界面如图4-21所示。

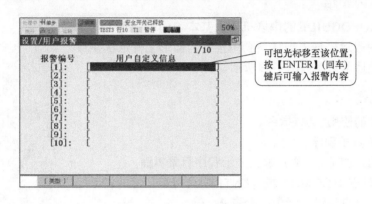

图4-21　用户报警设置界面

2）计时器指令

TIMER［i］=（Processing）　i：　//计时器号

　　　Processing：START，STOP，RESET

　　　　　TIMER［1］=RESET　　　　　　//计时器清零

　　　　　TIMER［1］=START　　　　　　//计时器开始计时

　　　　　TIMER［1］=STOP　　　　　　//计时器停止计时

*查看计时器时间步骤

① 依次按键选择［MENU］（菜单）→0［NEXT］（下页）→［STATUS］（状态）→F1［TYPE］（类型）。

② 选择［PRG TIMER］（程序计时器）即可进入程序计时器一览界面。程序计时器界面如图4-22所示。

3）速度倍率指令

OVERRIDE=（value）%　value=1to100。

4）注解指令

！（Remark）

Remark：注解，最多可以有32个字符。

5）消息指令

Message［message］

message：消息，最多可以有24个字符。

当程序中运行该指令时，屏幕中将会弹出含有 message 的界面。

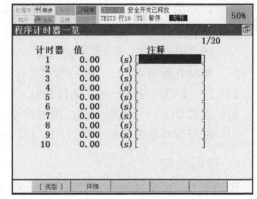

图4-22　程序计时器界面

6）参数指令

PARAMETER NAME

$（参数名）=value      参数名需手动输入，value 值为 R []、常数、PR []

value=$（参数名）     参数名需手动输入，value 值为 R []、PR []

## 4.3 任务二：练习基本指令

### 4.3.1 编程案例介绍

本节将在 ROBOGUIDE 的串联机器人基本工作站中练习基本指令，模拟实现搬运机器人把从料仓中推出的圆形工件依次摆放在指定位置。搬运示意图如图4-23所示。

### 4.3.2 准备工作

各类寄存器的使用、I/O指令。

建立HOME点子程序：

1）按［SELECT］（一览）键，显示程序目录界面。

2）移动光标选中HOME，按［ENTER］（回车）键进入。

3）按［F1］（点）键，示教一个点P［1］。

4）将P［1］替换为FR［1：HOME］位置寄存器。

手爪运动子程序：

1）按［SELECT］（一览）键，显示程序目录界面。

2）移动光标选中SZK，按［ENTER］（回车）键进入。

3）按［F1］（指令）键，选择I/O。

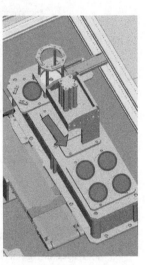

图 4-23 搬运示意图

4）选择DO［1］=ON，完成手爪打开指令。

5）检测手爪是否打开到位：按［F1］（指令）键，依次选择WAIT，DI［1］=ON。

6）按［SELECT］（一览）键，显示程序目录界面。

7）移动光标选中SZG，按［ENTER］（回车）键进入。

8）按［F1］（指令）键，选择I/O。

9）选择DO［1］=OFF，完成手爪关闭指令。

10）检测手爪是否关闭到位：按［F1］（指令）键，依次选择WAIT，DI［1］=OFF。

推料子程序：

1）按［SELECT］（一览）键，显示程序目录界面。

2）移动光标选中TL，按［ENTER］（回车）键进入。

3）按［F1］（指令）键，选择I/O。

4）选择DO［3］=ON，完成推料指令。

5）检测推料是否到位：按［F1］（指令）键，依次选择WAIT，DI［3］=ON。

### 4.3.3 逻辑编程

所用指令：IF条件指令、调用指令、跳转指令。

本任务需要实现对四个工件规则地进行摆放，因此应用IF条件指令判断摆放次数，当到达四次时回到HOME点，具体步骤如下：

1）按［SELECT］（一览）键，显示程序目录界面。

2）移动光标选中NAME，按［ENTER］（回车）键进入。

3）根据任务需要，利用标签指令进行流程划分：初始化、等待推料完成、抓取放置和回位。

4）按［F1］（指令）键，依次选择JUMP/LAB、LAB［］。

5）重复步骤4），建立对应数量标签指令。

6）LAB［1］初始化，完成回到HOME点，推料装置复位、手爪打开。要用到调用指令。

7）按［F1］（指令）键，依次选择调用、调用程序、选择对应子程序。

8）LAB［2］等待推料完成，推料子程序、手爪抓取程序调用。

9）LAB［3］抓取放置：通过IF条件指令判断数值寄存器R［1］，确定运动轨迹，当循环四次后，机器人回到HOME点。

10）按［F1］（指令）键，依次选择IF/SELECT、IF…<…、R［1］，最后选择将常数设置为"4"。

11）每次运行完LAB［3］，如果小于4跳转至LAB［2］，大于等于4跳转至LAB［4］。

12）按［F1］（指令）键，依次选择JUMP/LAB、JUMP LAB［］。

13）LAB［4］回位：机器人回到原位。

### 4.3.4　轨迹编程

坐标系调用指令、偏移指令、其他指令。

运动轨迹可以分为：HOME点到推料抓取点、推料抓取点到放置点、放置点到推料抓取点、放置点到HOME点四部分。

1）按［SELECT］（一览）键，显示程序目录界面。

2）移动光标选中NAME，按［ENTER］（回车）键进入。

3）按［F1］（指令）键，依次选择下页、偏移/坐标系、UFRAMT-NUM、选择对应的用户坐标。

4）按［F1］（指令）键，依次选择下页、偏移/坐标系、UNTOOL-NUM、选择对应的工具坐标。

5）轨迹点示教：按［F1］（点）键，选择需要的运动方式：关节、直线和圆弧。

6）放置点的轨迹规划：应为四个工件有规律地放置，可以使用偏移指令。

7）以某一位置为原点，根据尺寸设置四个位置寄存器。

8）按［F1］（点）键示教第一个放置点，将光标移至指令最后，按［F1］（选择）键，选择偏移FR［…］，设置相对应的位置寄存器。

9）完成轨迹规划后，还可以设置时间寄存器，记录程序运行的时间。

## 4.4　任务三：基本指令应用案例

### 4.4.1　应用案例介绍

本节将在ROBOGUIDE的基础工作站中使用基本指令实现曲线轨迹的运动，基础工作站中有个学习台，如图4-24所示。需要依次实现圆形、三角形、曲线和方形的轨迹运动，根据数值寄存器的数值决定正向还是反向运动，最后回到HOME点。过程要求：圆形轨迹、方形轨迹需要借助位置寄存器；曲线轨迹运用圆弧运动指令、三角形轨迹运用直线运动指令（不需借助位置寄存器）；计算每一轨迹的运动时间。将每段轨迹建立一个对应的子程序，在主程序中调用子程序完成轨迹运动次序的要求。利用SELECT指令实现正向与反向三角形运动选择。

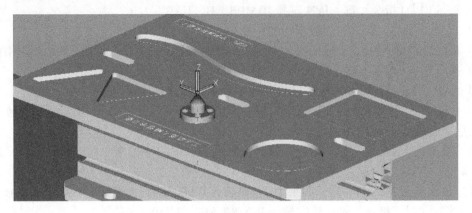

图4-24  学习台示意图

### 4.4.2  曲线与三角形轨迹

子程序：①曲线轨迹：曲线是由六个圆弧段组成，使用圆弧运动指令示教六段圆弧程序，共需12个示教点；②正三角形：三角形由三段直线组成，使用直线运动指令示教三段直线程序，共需3个示教点；③倒三角形：需3个示教点；具体步骤如下：

1）按［SELECT］（一览）键，显示程序目录界面。

2）按［F2］（创建）键，输入QX（曲线），按［ENTER］（回车）键进入程序编辑主界面。重复步骤2）创建QX（曲线）、FX（方形）、YX（圆形）、SJX1（正三角形）、SJX2（倒三角形）五个轨迹子程序。程序创建如图4-25所示。

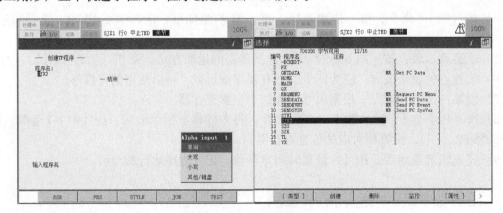

图4-25  程序创建

3）按［SELECT］（一览）键，显示程序目录界面，移动光标选中QX，按［ENTER］（回车）键进入。

4）利用TP示教器移动机器人到达曲线轨迹的起始点1，按［SHIFT］+［F1］（点）键，示教曲线的起始点。

5）移动光标到运动指令的开头，按［F4］（选择）键，选择圆弧。

6）光标移到圆弧指令的第二行示教第二个点，重复步骤5）、6）完成曲线点的示教。曲线示教如图4-26所示，示教得到的程序如图4-27所示。

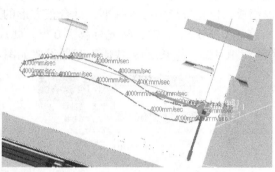

图4-26　曲线示教

65

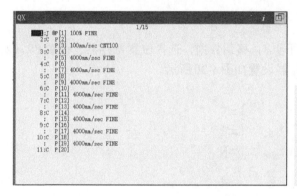

| : | P[21] 4000mm/sec FINE |
| 12:C | P[22] |
| : | P[23] 100mm/sec FINE |
| 13:C | P[24] |
| : | P[25] 100mm/sec FINE |
| 14:C | P[26] |
| : | @P[1] 100mm/sec FINE |

图4-27　曲线编程

7）按［SELECT］（一览）键，显示程序目录界面，移动光标选中SJX1，按［ENTER］（回车）键进入。

8）利用TP示教器移动机器人到达正三角形轨迹的起始点1，按［SHIFT］+[F1]（点）键，示教三角形的起始点。

9）移动光标到运动指令的开头，按［F4］（选择）键，选择直线。

10）重复步骤9）完成3个顶点的示教。

11）重复步骤7）完成SJX1的示教。三角形示教及程序如图4-28所示。

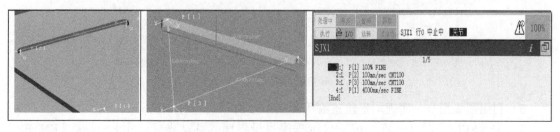

图4-28　三角形示教及程序

### 4.4.3  圆形与方形轨迹

子程序：①圆形轨迹：圆形轨迹由四点组成，借助位置寄存器、数值寄存器完成轨迹的编写。以圆心为基准，利用圆心和半径表示四个示教点；②方形轨迹：方形轨迹由四个顶点组成，以正方形中心为基准，结合正方形的边长表示四个顶点。具体步骤如下：

1）按［MENU］键，将光标移到0（下页），移到数据，选择数据寄存器，设置R［1］（半径）、R［2］（边长/2）。数值寄存器设置如图4-29所示。

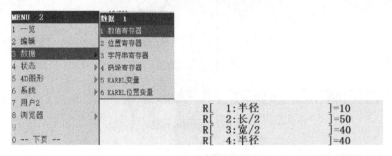

图4-29  数值寄存器设置

2）按［MENU］键，将光标移到0（下页），移到数据，选择位置寄存器，设置PR［2］（圆心）、PR［3］（正方形重心），位置寄存器设置如图4-30所示。

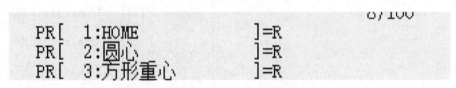

图4-30  位置寄存器设置

3）位置寄存器示教方法：将光标移到PR［1］的*处，并将机器人移动到圆心位置，按［F4］（记录）键，重复步骤3），完成PR［2］的记录。

4）按［SELECT］（一览）键，显示程序目录界面，移动光标选中YX，按［ENTER］（回车）键进入。

5）赋值圆形轨迹的四个示教点如图4-31所示。

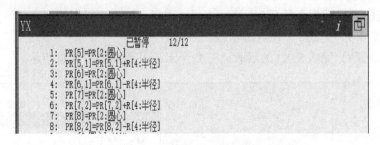

图4-31  赋值圆形轨迹的四个示教点

6）利用圆弧指令，实现圆形轨迹编程如图4-32所示。

7）按［SELECT］（一览）键，显示程序目录界面，移动光标选中FX，按［ENTER］（回车）键进入。

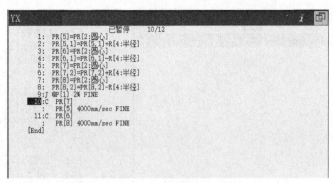

图 4-32　圆形轨迹编程

8）赋值方形轨迹的四个示教点如图4-33所示。

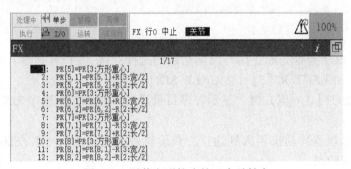

图 4-33　赋值方形轨迹的四个示教点

9）利用直线指令，实现方形轨迹编程，如图4-34所示。

```
12: PR[8,2]=R[8,2]-R[2:长/2]
13:L   PR[5] 4000mm/sec FINE
14:L   PR[6] 4000mm/sec FINE
15:L   PR[8] 4000mm/sec FINE
16:L  @PR[7] 4000mm/sec FINE
```

图 4-34　方形轨迹编程

### 4.4.4　主程序

主程序组成：初始化、时间计时、轨迹运动和条件选择。

主程序示教、编写具体步骤如下：

1）按［SELECT］（一览）键，显示程序目录界面。

2）移动光标选中NAME，按［ENTER］（回车）键进入。

3）根据所需模块，利用标签指令划分，按［F1］（指令）键，选择LBL［］。主程序的基本结构如图4-35所示。

4）设置四个计时器，计算每段轨迹运动时间：按［F1］（指令）键，依次选择下一页、其他、TIMER［］。将光标移到［…］给时间寄存器命名，将光标移到第二个［…］，按［F4］（选择）键重置。定时器设置如图4-36所示。

5）按［F5］（编辑）键，选择复制/剪切，将光标移到需要复制的行，依次单击［F2］（选择）键、［F2］（复制）键，移动光标到需要粘贴的行，按［F5］（粘贴）键、［F4］（位置数据）键，完成复制。重复粘贴操作，完成三个时间寄存器的设置。

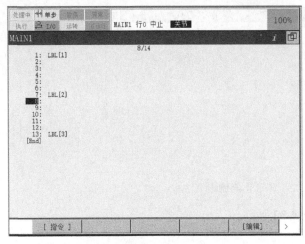

图 4-35　主程序的基本结构

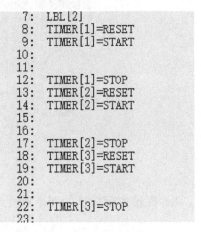

图 4-36　定时器设置

6）利用 SELECT 指令完成正向与反向运动的选择：按［F1］（指令）键，依次选择 IF/SELECT、下页、SELECT R［5］=1/2 CALL SJX1。

7）按［SELECT］（一览）键，显示程序目录界面，移动光标选中 SJX1，按［ENTER］（回车）键进入。

8）利用 TP 示教器移动机器人到达正三角形轨迹的起始点 1，按［SHIFT］+［F1］（点）键，示教曲线的起始点。

9）移动光标到运动指令的开头，按［F4］（选择）键，选择直线。

10）重复步骤 9）完成 3 个顶点的示教。

11）重复步骤 7）~步骤 9）完成 SJX2 的示教、程序编写。

## 4.5　思考与练习

在创建好机器人基础工作台仿真系统的基础上，导入如图 4-37 所示的机器人示教图形，进行如下练习：

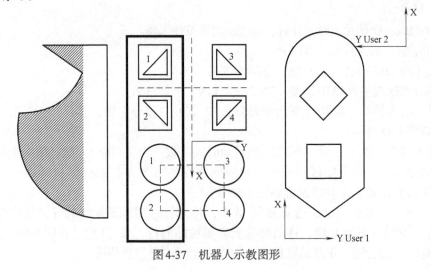

图 4-37　机器人示教图形

（1）编写机器人程序。实现以下功能：取一个工件放置于图4-37所示位置1处（视工件形状决定放置位置），使用0号用户坐标系，1号工具坐标系，将工件从位置1搬到位置2，再从位置2搬到位置1，循环两次。

（2）编写机器人程序，实现以下功能：取两个工件分别放置于图4-37所示位置1和位置3处（视工件形状决定放置位置），使用0号用户坐标系，1号工具坐标系，速度倍率为30%，第一遍将工件从位置1搬到位置2，第二遍从位置3搬到位置4，使用 TIMER［1］指令记录程序执行时间。

# 第 **5** 章

hapter

## 熟悉ROBOGUIDE安装与基本功能

## 5.1 ROBOGUIDE简介

  ROBOGUIDE是与FANUC工业机器人配套的一款仿真软件，可以在一个离线的三维模型世界中，模拟现实中的机器人和周边设备的布局，并通过其中的TP示教，模拟工业机器人的运动轨迹。通过软件模拟仿真，可进行机器人的动作干涉分析，验证规划路径方案的可

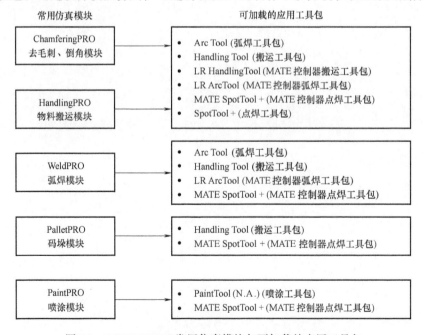

图5-1 ROBOGUIDE常用仿真模块与可加载的应用工具包

行性，同时获得系统工作节拍时间的估算，还能自动生成机器人的离线程序，优化机器人程序以及进行机器人的故障诊断等。

　　ROBOGUIDE是一款核心应用软件，其常用仿真模块包括ChamferingPRO（去毛刺、倒角模块）、HandlingPRO（物料搬运模块）、WeldPRO（弧焊模块）、PalletPRO（码垛模块）和PaintPRO（喷涂模块）等模块。ChamferingPRO模块用于去毛刺、倒角等工件加工的仿真应用。HandlingPRO模块用于机床上下料、冲压、装配、注射机等所需物料的搬运仿真应用。WeldPRO模块用于焊接、激光切割等工艺的仿真应用。PalletPRO模块用于各种码垛的仿真应用。PaintPRO模块用于喷涂的仿真应用。选择不同的应用模块实现的功能不同，相应加载的应用软件工具包也会不同。ROBOGUIDE常用仿真模块与可加载的应用工具包如图5-1所示。

　　除了这些常用的仿真模块之外，ROBOGUIDE还提供了其他功能模块，包括4D Edit（4D编辑模块）、MotionPRO（协调运动模块）、DiagnosticsPRO（运动诊断模块）、iRPRO（iR拾取模块）和PalletPROTP（自动摆放模块）等。ROBOGUIDE还提供如图5-2所示的功能插件来拓展软件的功能，这些功能插件针对某些应用方向提供了非常强大而便捷的扩展功能，增强了ROBOGUIDE软件的应用范围。

图5-2　ROBOGUIDE拓展功能

## 5.2　任务一：ROBOGUIDE软件的安装

　　本书使用ROBOGUIDE软件的V8.3版本，计算机系统为Windows10中文版。要使软件正常安装，建议安装ROBOGUIDE之前暂时关闭系统防火墙和杀毒软件，以避免计算机防护系统擅自清除ROBOGUIDE的相关组件。

　　1）将下载好的ROBOGUIDE安装包进行解压，然后打开解压后的…\ROBOGUIDE文件夹，如图5-3所示。在ROBOGUIDE文件夹下有一个readme文件，打开后可以看到安装ROBOGUIDE的软件和硬件要求，以及更新版本所带来的新功能。作为一款三维仿真软件，ROBOGUIDE对计算机系统配置有一定的要求，为达到较流畅的运行效果，请关注此 re-

工业机器人 编程技术

adme文件中对系统需求的推荐最低要求。对于计算机是Windows8.1之后的系统则需要先安装.NET 3.5 framework，计算机显示器的分辨率最好是在1920×1080及以上，否则会导致ROBOGUIDE界面的某些功能窗口显示不完整，给软件操作带来不便。

图5-3　ROBOGUIDE文件夹中安装目录与安装软件要求

72

2）在ROBOGUIDE文件夹下，鼠标右键单击并以管理员身份运行"setup.exe"文件，进入安装向导，重新启动选择界面如图5-4所示。

3）重启系统后，进入ROBOGUIDE软件安装程序开始界面。安装程序开始界面如图5-5所示。单击［Next］按钮进入下一步骤。

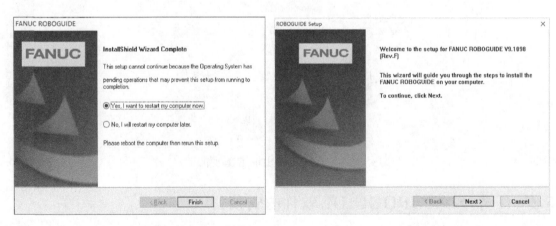

图5-4　重新启动选择界面　　　　　图5-5　安装程序开始界面

4）如图5-6所示界面是关于许可协议的设置，单击［Yes］按钮，接受此协议进入下一步。

5）在图5-7所示界面可以设置安装目标路径，用户可在初次安装时更改安装路径，默认安装路径是系统盘。由于软件占用的空间较大，建议把安装路径更改为非系统盘，可单击［Browse］按钮进行浏览，选择其他安装路径。

图5-6　许可协议的设置　　　　　　　　　图5-7　软件安装位置

6）这里将文件安装位置改为D盘。安装路径的更改如图5-8所示。单击［确定］按钮后，单击［Next］按钮进入下一步。

7）在图5-9所示界面中选择需要安装的仿真模块，一般保持默认即可。单击［Next］按钮后进入下一个选择界面。

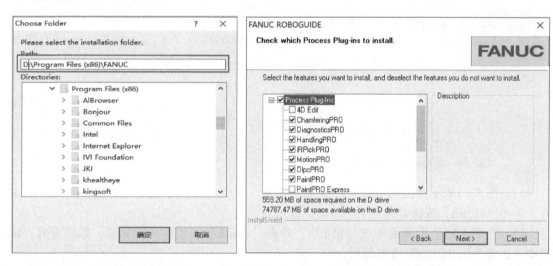

图5-8　安装路径的更改　　　　　　　　　图5-9　选择仿真模块

8）在图5-10所示界面中选择所需要安装的扩展功能模块，一般保持默认即可，单击［Next］按钮进入下一个选择界面。

9）在图5-11所示界面中选择软件的各仿真模块是否需要创建桌面快捷方式，由于所有的模块都可以从ROBOGUIDE中进入，如需保持桌面整洁，可只保留ROBOGUIDE一个选项，确认后单击［Next］按钮后进入下一个界面。

10）在图5-12所示界面中选择要安装的软件版本，一般选择最新版本，这样可节省磁盘安装空间，也可根据实际需要选择相应的版本。这里选择V8.3软件版本后，单击［Next］按钮可进入下一个选择界面。

11）在图5-13所示界面中列出了软件安装所有配置信息，如发现错误，单击［Back］按钮可返回进行更改，确认无误后单击［Next］按钮后开始进行安装。

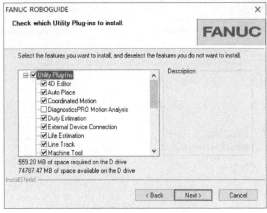

图 5-10　选择扩展功能模块

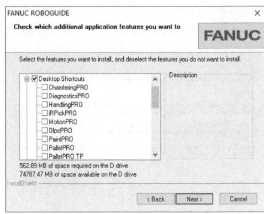

图 5-11　选择创建桌面快捷方式

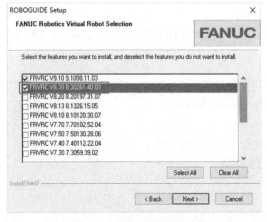

图 5-12　选择软件安装版本

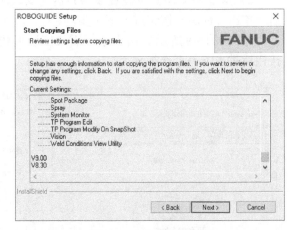

图 5-13　配置总览界面

12）图 5-14 所示界面表明软件已经成功安装，图中勾选状态表示查看前面的 readme 文件，单击［Finish］按钮会弹出下一步对话框。

13）在图 5-15 所示界面中选择第 1 项，单击［Finish］按钮重启计算机，系统重启完成后即可正常使用 ROBOGUIDE 软件。

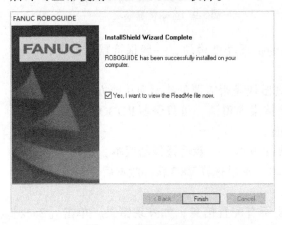

图 5-14　安装成功界面

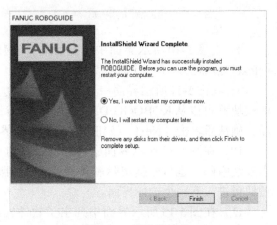

图 5-15　重启计算机

## 5.3　任务二：新建 Workcell

本任务通过以下步骤来新建一个 Workcell。

1）在完成软件安装，计算机重启后，打开 ROBOGUIDE 软件会显示的 ROBOGUIDE 安装完成初始界面如图 5-16 所示。新建一个 Workcell 有三种方式，第一种是在图中 Recent Workcells 窗口内单击［New Cell］按钮，第二种是单击工具栏上的新建按钮，第三种是单击［File］（文件）下拉菜单里的［New Cell］进行创建。

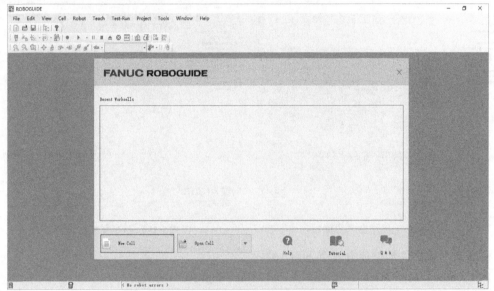

图 5-16　ROBOGUIDE 安装完成初始界面

2）单击［New Cell］按钮，在弹出的图 5-17 所示仿真模块选择界面的创建工程文件向导

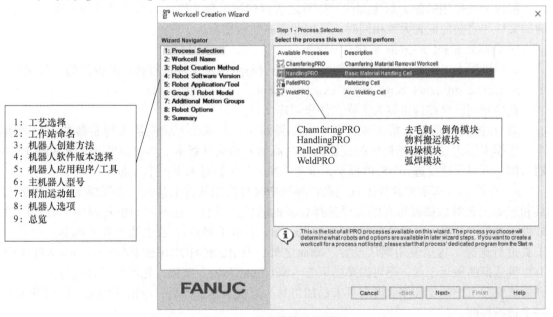

图 5-17　仿真模块选择界面

中选择需要使用的仿真模块。这里以HandlingPRO物料搬运模块为例，确定后单击［Next］按钮进入下一个步骤。

3）在图5-18所示工作站命名界面中，确定工程文件的命名，即在Name文本框中输入工程文件的名称，也可以用默认的名称，ROBOGUIDE支持以中文命名。命名完成后单击［Next］按钮进入下一个选择步骤。

4）在图5-19所示的创建方式选择界面中，选择创建机器人工程文件的方式，新建时默认选用第1种方法，然后单击［Next］按钮进入下一个界面。

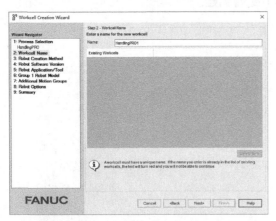 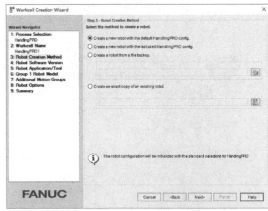

图5-18　工作站命名界面　　　　　　　　图5-19　创建方式选择界面

机器人工程文件的创建方式有下面4种：

➢ Create a new robot with the default HandlingPRO config.

采用默认配置新建文件，选择配置可完全自定义，适用于一般情况。

➢ Create a new robot with the last used HandlingPRO config.

根据上次使用的配置新建文件，如果之前创建过工程文件（离本次最近的一次），而新建的文件与之前的配置大致相同时，采用此方式比较适合。

➢ Create a robot from a file backup.

根据机器人工程文件的备份来创建文件，选择rgx压缩文件进行解压缩得到的工程文件。

➢ Create an exact copy of an existing robot.

直接复制已存在的机器人工程文件来创建文件。

5）在图5-20所示机器人软件版本选择界面中，呈现已安装机器人控制器的型号和版本，根据实际需要，选择相应的机器人控制器型号和软件版本。本书以常用的R-30iB控制器为例，所以，这里选择V8.30版本，单击［Next］按钮进入下一个界面。

6）在图5-21所示的软件工具包选择界面中选择应用软件工具包，如弧焊工具、搬运工具和点焊工具等。根据仿真的需要选择合适的软件工具包，在不同的仿真模块下有不同的软件工具包可选择，这里选择搬运工具Handling Tool（H552）。在右边可以对机器人的搬运工具进行选择，这里使用默认设置。除此之外，在ROBOGUIDE的CAD Library文件库中有可供选择的搬运工具，还可以单击下方［Set Eoat later］按钮，先不对工具进行选择，等到后续根据工作站实际作业需求再来添加工具。完成上述选择后，单击［Next］按钮进入下一个选择界面。

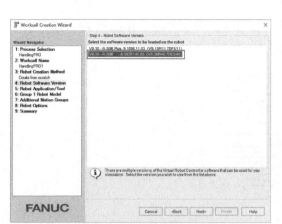

图 5-20　机器人软件版本选择界面

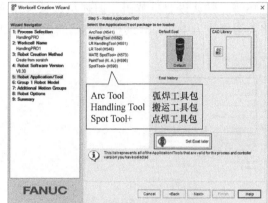

图 5-21　软件工具包选择界面

特别需要说明的是，不同软件工具的差异集中体现在 TP 示教器上，例如安装有焊接工具的 TP 示教器中包含有焊接指令和焊接程序，安装有搬运工具的 TP 示教器中有码垛指令等。另外，TP 的菜单也会有很大差异，不同的工具针对自身应用进行了专门定制，包括控制信号、运行监控等。

7）在图 5-22 所示机器人型号选择界面中选择仿真所用的机器人型号。这里几乎包含了 FANUC 旗下所有的工业机器人类型，如果选型错误或不合理，可以创建后在工作站中再做更改。这里选择 R-2000iC/165F 型机器人，然后单击 [Next] 按钮进入下一个选择界面。

8）在图 5-23 所示的附加运动组选择界面中可以选择添加附加运动组，包括可以继续添加额外的机器人（也可在建立 Workcell 之后添加），还可添加 Group2~7 的设备，如伺服枪、变位机等。当仿真工程文件需要组建多手臂系统或含有变位机的工作站系统时可以在此界面选择添加，这里先不做任何操作，直接单击 [Next] 按钮进入下一个选择界面。

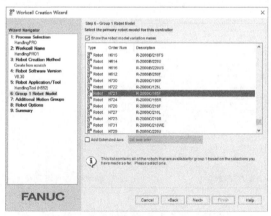

图 5-22　机器人型号选择界面

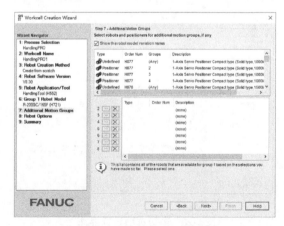

图 5-23　附加运动组选择界面

9）如图 5-24 所示机器人扩展功能选择界面，在此界面的 [Software Options] 选项卡中，可以选择机器人的各类扩展功能软件，并将它们运用到仿真过程中。可选择许多常用的附加软件，如 2D、3D 视觉应用软件、专用焊接设备适配软件、行走轴和附加轴控制软件等，都是在这一步骤中添加。

10）同时本步骤还可以切换到 [Languages] 选项卡，如图 5-25 所示，设置虚拟 TP 的语

77

言环境。默认设置是英语，但还可以选择中文、日语等。为了方便操作虚拟TP，通常选择将英语修改为中文，后续打开使用的虚拟TP即为中文语言显示。

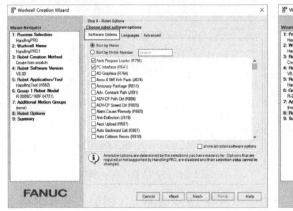

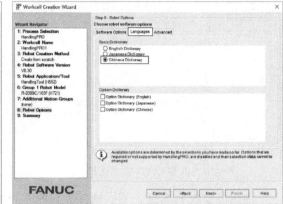

图5-24　机器人扩展功能选择界面　　　　　图5-25　虚拟TP语言环境设置

11）在图5-26所示高级选项设置界面，［Advanced］选项卡是对ROBOGUIDE软件的高级选项进行设置，包括对软件缓存空间、基础参数以及对输入输出配置是否要应用到仿真中的配置。可不做修改，单击［Next］按钮进入下一个选择界面。

12）在图5-27所示的机器人工程文件配置总览界面中列出了之前所有配置的选项，即是一个总目录。如果确定之前的选择无误，则单击［Finish］按钮完成设置。如果需要修改，可以单击［Back］按钮退回到之前的步骤，做进一步修改。这里单击［Finish］按钮完成工作环境的建立，等待系统的加载，进入仿真环境。

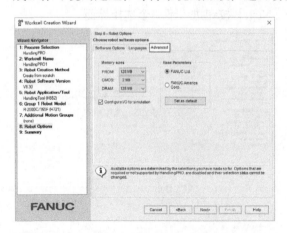

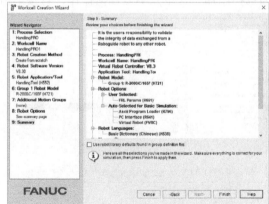

图5-26　高级选项设置界面　　　　　　　图5-27　机器人工程文件配置总览界面

13）图5-28所示机器人法兰接头选择界面为机器人控制器进行初始化启动，加载工作环境时所弹出的对话窗口，当前界面下对机器人的法兰接头进行选择，一般情况输入"1"，选择1. Standard Flange（标准法兰接头），并按［Enter］（回车）键，等待加载完成。

14）图5-29所示为新建立的仿真机器人工作站初始界面，在该界面三维视图下只有一个机器人模型，用户可以在此空间内按需任意搭建场景，进一步构建机器人仿真工作站。

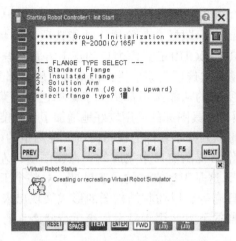

图5-28　机器人法兰接头选择界面

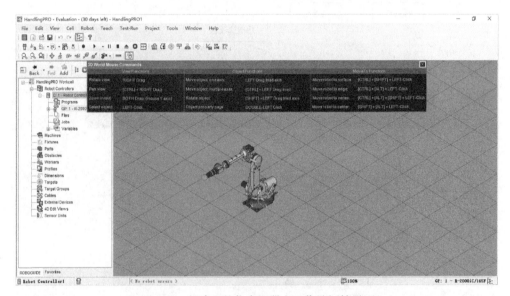

图5-29　新建立的仿真机器人工作站初始界面

## 5.4　任务三：认识ROBOGUIDE界面

在学习ROBOGUIDE的离线编程与仿真功能之前，应首先了解ROBOGUIDE软件的界面分布和各功能区的主要作用，为后续的软件操作打下基础。

如图5-30所示软件功能选项区，创建初始工作站后，软件的功能区被激活。高亮区表示为可用状态，灰暗区表示为不可用状态。

图5-30　软件功能选项区

工作站建立完成后，会进入如图5-31所示的ROBOGUIDE界面布局，仿真环境界面是传统的Windows界面风格，由标题栏、菜单栏、功能选项区、状态栏、工作站视图窗口、导航目录窗口等组成。在ROBOGUIDE界面窗口的正上方是标题栏，显示当前打开的工程文件的名称。紧邻下面一排英文选项是菜单栏，包括多数软件都具有的文件、编辑、视图、窗口等下拉菜单。软件中所有的功能选项都集中于菜单栏中。菜单栏下方是功能选项区，它包括3行常用的工具选项，工具图标的使用较好地增加了各功能区的辨识度，可提高软件的操作效率。功能选项区的下方就是软件的视图窗口，视图中的内容以3D的形式展现，仿真工作站的搭建就是在工作站视图窗口中完成的。在视图窗口左侧会默认存在一个"Cell Brower"（导航目录）窗口，这是工程文件的导航目录。对整个工程文件进行模块划分，包括模型、程序、坐标系、日志等，以树状结构图的形式展现出来，并为各个模块的打开提供了入口。状态栏位于屏幕的下方，用于显示程序运行状态、有无报警以及机器人运行速度等仿真运行状态。

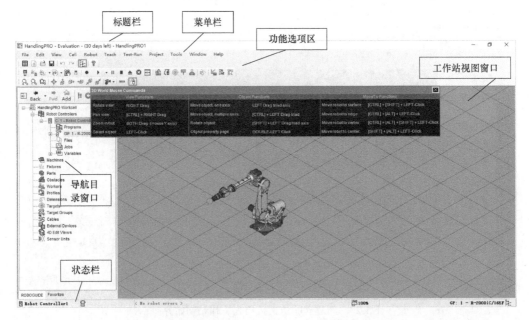

图5-31　ROBOGUIDE界面布局

HOME Screen：⊞ 主菜单是功能选项区中的功能。主菜单界面里包含了一些常用功能。主菜单界面如图5-32所示，WORKCELL模块用于添加各种外部模型来构建仿真工作站和搜索相关模型文件。TEACH模块用于打开TP程序、创建仿真程序、创建TP程序和打开虚拟TP。RUN模块用于仿真和打开程序运行控制面板。UNILITY模块包括对工程文件和仿真文件进行备份、当前窗口的帮助、ROBOGUIDE使用说明和常见问题的回答。由于后续菜单栏会对每个功能一一介绍，这里就不做赘述。

ROBOGUIDE菜单栏是传统的Windows界面风格，表5-1列出了菜单栏的中文翻译信息。下面对每个菜单的内容进行详细解释，同时，常用工具栏功能一般会与某个菜单项对应，这里相同功能的常用工具栏将与菜单项合并在一起介绍。

**1. 文件菜单**

文件菜单中的选项是对整个工程文件进行操作，如工程文件的新建、打开、保存和备份等。文件菜单如图5-33所示。部分操作也可通过工具栏 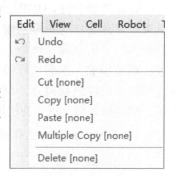 中所示部分来进行。

表5-1　菜单栏中文翻译信息

| 菜单栏 | File | Edit | View | Cell | Robot | Teach | Test-Run | Project | Tools | Window | Help |
|---|---|---|---|---|---|---|---|---|---|---|---|
| 中文翻译 | 文件 | 编辑 | 视图 | 元素 | 机器人 | 示教 | 测试运行 | 项目 | 工具 | 窗口 | 帮助 |

图5-32　主菜单界面

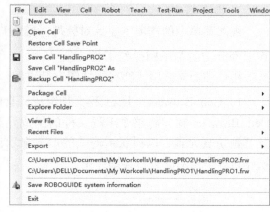

图5-33　文件菜单

接下来，介绍文件菜单下的各个选项功能。

① New Cell：新建工程文件。

② Open Cell：打开已有的工程文件。

③ Restore Cell Save Point：将工程文件恢复到上次保存的状态。

④ Save Cell：在默认路径下保存工程文件。

⑤ Save Cell As：另存工程文件。另存操作时，选择的存储目录或者文件名必须与原工程文件不同。

⑥ Backup Cell：备份生成一个rgx压缩文件到默认的备份目录。

⑦ Package Cell：可以压缩生成一个rgx文件到任意文件夹，也可以进行工程文件打包。

⑧ Explore Folder：打开文件的保存位置和文件备份位置。

⑨ View File：查看当前打开的工程文件目录下的其他文件。

⑩ Recent Files：最近打开过的工程文件。

⑪ Export：将工作站以图片的形式或选定的模型以IGS文件形式导出。

⑫ Save ROBOGUIDE system information：保存系统信息和ROBOGUIDE版本信息。

⑬ Exit：退出软件。

**2. 编辑菜单**

编辑菜单的选项主要是对工程文件模型的编辑以及对已进行操作的恢复。编辑菜单如图5-34所示。部分操作可在工具栏 中所示部分来进行。

① Undo：撤销上一步操作。

② Redo：恢复撤销的操作。

图5-34　编辑菜单

③ Cut：对工作站中选中的模型进行剪切操作。

④ Copy：对工作站中选中的模型进行复制操作。

⑤ Paste：把缓存区的模型粘贴到工作站中。

⑥ Multiple Copy：基于WorkCell的坐标系，对选中的模型进行三维方向上复制操作。

⑦ Delete：删除工作站中选中的模型。

**3. 视图菜单**

视图菜单中的选项主要针对软件三维窗口的显示状态的操作。视图菜单如图5-35所示。其中部分功能与视图操作工具 中的一些按钮相同。下面对这些指令和功能选项区特有的按钮进行讲解。

1）Cell Browser： 工程文件组成元素的浏览窗口。Cell Browser窗口如图5-36所示。Cell Browser 窗口将整个工程文件的组成元素，包括控制系统、机器人、组成模型、程序及其他仿真元素，以树状结构图的形式显示出来，相当于工程文件的目录。在后续工作站搭建过程中将对其进行详细介绍。

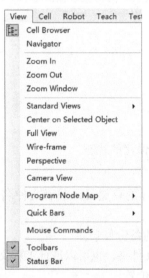

图5-35 视图菜单

图5-36 Cell Browser 窗口

2）Navigator：离线编程与仿真操作向导窗口的显示选项，选定Navigator弹出的离线编程与仿真操作向导窗口如图5-37所示。

针对初学ROBOGUIDE的用户对离线编程仿真流程缺乏了解，ROBOGUIDE软件专门设置了具体实施的向导功能，以辅助初学者完成离线编程与仿真的工作。此向导将整个流程分为三个大步骤，每个大步骤又分为多个小步骤，将工作站的建立、机器人模块属性设置、模型添加、末端执行器设置、仿真程序添加、示教编程以及工作站仿真运行等一系列过程整合成此流程向导。单击每个小步骤，会弹出相应的功能模块，可直接进入并进行操作，快速提升初学用户的使用效率。

3）Zoom In： 工作站视图放大显示。

4）Zoom Out： 工作站视图缩小显示。

5）Zoom Window： 选择工作站视图的局部进行放大显示。

6）Standard Views：打开后有六个选项，其中前五个选项与功能选项区的  功能相同，它们显示的是工作站的固定方向视角，这五个按钮分别表示俯视图、右视图、左视图、前视图、后视图，第六个选项 Isometric 表示的是在工作站中的固定三维空间视角。

7）Center on Selected Object：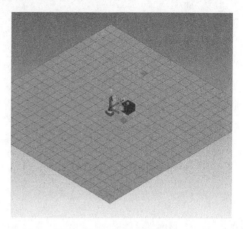选定目标对象置于显示中心。

8）Full View：工作站全景视角，可以观察到整个工作站。切换后可观察到地板范围内的所有对象，包括添加的 Parts 模型。工作站全景视角如图 5-38 所示。

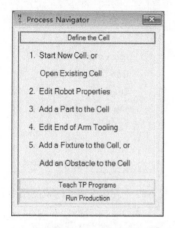

图 5-37　离线编程与仿真操作向导窗口

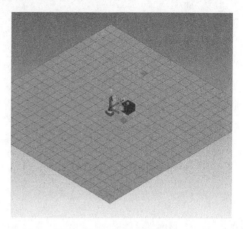

图 5-38　工作站全景视角

9）Wire-frame：所有对象以线框显示。实体显示与线框显示的区别如图 5-39 所示。

a）实体显示

b）线框显示

图 5-39　实体显示与线框显示

10）Perspective：将三维视图切换到透视视图。

11）Camera View：切换相机视角，如果添加了多个相机，可在不同相机视角之间切换。

12）Program Node Map：程序运动节点图显示选项。程序运动节点图显示选项如图 5-40 所示，可以选择对仿真程序的仿真路径点、轨迹运动速度、位置轨迹链接线、正在运行的程序、示教位置信息和轨迹路径等进行显示或隐藏。此外，还可以选择显示所有程序轨迹点的工具模型位置。

83

13）Quick Bars：对机器人运动和仿真操作的快捷指令。机器人运动的快捷指令如图5-41所示，对应功能选项区的功能为 🔲 🔲 ◎ 🔲 👤 🔲 🔲 🔲，包括了 🔲 选择坐标系、设置运动速度、示教、🔲 机器人工具坐标中心运动选择、◎ 添加目标位置点、👤 工人操作、🔲 位置编辑和 🔲 移动或复制目标对象等，选择对应的快捷功能打开后的快捷工具条指令窗口如图5-42所示。

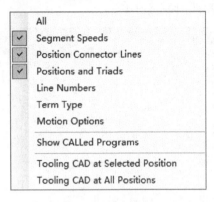

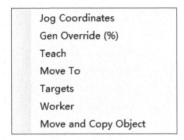

图5-40  程序运动节点图显示选项　　　　　图5-41  机器人运动的快捷指令

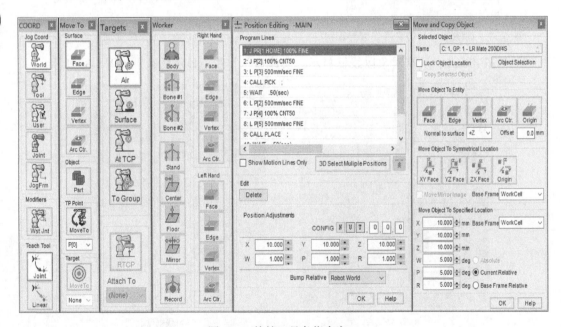

图5-42  快捷工具条指令窗口

14）Mouse Commands：🔲 显示或隐藏鼠标快捷键提示窗口。快捷键提示窗口如图5-43

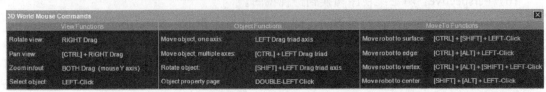

图5-43  快捷键提示窗口

所示。鼠标快捷键操作分为工作站视图窗口操作、改变目标对象操作和移动机器人到目标点操作三大类，熟记这些快捷操作可有效提升工作效率。

① 工作站视图窗口操作。通过快捷键可以对工作站视图窗口进行移动、旋转、放大和缩小等操作。

Rotate view（旋转视图）：按住鼠标右键拖动。

Pan view（平移视图）：按住鼠标中键拖动或按住［Ctrl］+鼠标右键拖动。

Zoom in/out（缩放视图）：同时按住鼠标左右键拖动或直接滚动鼠标滚轮。

② 改变目标对象的操作。通过快捷键可以对窗口中的目标对象进行选择、平移、旋转和打开属性设置等操作。

Select object（选中目标对象）：单击鼠标左键。

Move object, one axis（沿固定轴平移目标对象）：光标放在目标对象坐标系的一个轴上，按住鼠标左键拖动。

Move object, multiple axes（自由移动目标对象）：光标放在目标对象的坐标系上，然后按住［Ctrl］+鼠标左键拖动。

Rotate object（旋转目标对象）：光标放在目标对象坐标系的一个轴上，然后按住［Shift］+鼠标左键拖动。

Object property page（目标对象属性设置界面）：左键双击目标对象。

③ 移动机器人工具坐标系中心点（TCP）到目标对象的快捷操作。通过快捷键可以移动机器人TCP到目标对象的表面、边缘线和角点等。

Move robot to surface（移动机器人TCP到目标表面）：按住［Ctrl］+［Shift］+鼠标左键。

Move robot to edge（移动机器人TCP到目标边线）：按住［Ctrl］+［Alt］+鼠标左键。

Move robot to vertex（移动机器人TCP到目标角点）：按住［Ctrl］+［Alt］+［Shift］+鼠标左键。

Move robot to center（移动机器人TCP到目标中心）：按住［Alt］+［Shift］+鼠标左键。

另外，也可用鼠标直接拖动机器人TCP来实现机器人移动到目标位置。

15）Toolbars：显示或隐藏工具栏（功能选项区）。

16）Status Bars：显示或隐藏状态栏。

其他部分工具栏命令操作如下：

Add Lable on Click Object：对选中的目标对象添加标签。

Connect/Disconnect Devices：链接外部装置（变位机、行走轴）的开关。

Record View Point：记录当前视图窗口的视角。在录制机器人运动仿真路径和动作的视频时，可根据需要切换视图窗口视角。

Measure Tool：测量工具，此功能用于测量选中的两个目标的距离和空间相对位置。测量工具窗口如图5-44所示，分别从［From］和［To］下选择对应的目标对象，在目标对象下可以在［Entity］下拉选项中选择Entity（实体）或是目标对象的Origin（原点），若选择目标对象是机器人，则［Entity］下拉选项中有Entity（实体）、Origin（原点）、RobotZero（机器人零点）、RobotTCP（机器人TCP）和FacePlate（法兰盘）可供选择。通过［Entity Selection］可选择目标对象实体上的表面、边线、角点、面中心点以及边线中心点作为测量点。在两点确定后，在下面的［Distance］中显示测量的直线距离及X、Y、Z三个方向上的投影距离和三个方向上的相对角度。此工具在建立工作站，确定各模型位置时会经常使用。

### 4. 元素菜单

元素菜单主要是对工程文件内部模型的编辑。元素菜单如图5-45所示，通过元素菜单可以添加各种外部设备模型和组件、设置工程文件的属性等。

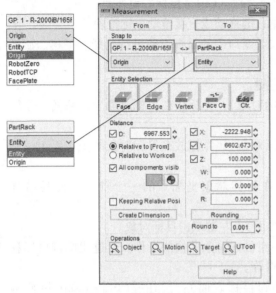

图5-44　测量工具窗口　　　　　　　图5-45　元素菜单

1）Add Robot：添加机器人或添加与工作站中相同类型的机器人。

2）Add Machine 至 Add Vision Sensor Unit：添加各种外部设备的模型来构建仿真工作站场景，包括运动机械、工装台、工件外围设备以及视觉传感器单元等。

图5-46　工作站属性设置窗口

3）Check for CAD file updates：检查由外部导入的IGS文件模型更新。

4）I/O Interconnections：对工作站输入、输出互连设置。

5）Cold Start Powered Up Controllers：冷启动控制器电源。

6）Turn On/Off All Controllers：打开/关闭所有的控制系统。

7）Workcell Properties：对工作站整体视图和布局以及录制视频的Logo进行设置。工作站属性设置窗口如图5-46所示。选择［General］选项卡，可以对工作站名称进行更改，允许程序仿真运行时间同步，还可以对工作站中不同模型进行位置锁定以及对机器人运行时的碰撞检测设置。选择［Chui World］选项卡，ROBOGUIDE中机器人下方的底板默认为20m×20m的范围，网格为1m×1m，可设置底板的范围和颜色，以及网格的尺寸和线的颜色。选择［AVI Logos］选项卡，可以对录制视频的Logo进行更改。

**5. 机器人菜单**

机器人菜单的主要选项主要是对机器人以及视角和仿真系统的操作。机器人菜单如图5-47所示。主要对应功能选项区的  。

1）Teach Pendant：打开虚拟TP示教。

2）Lock Teach Tool Selection：锁定一种示教工具。

3）Move To Retry：移动到所选位置点。

4）Show Work Envelope：显示机器人的工作范围。机器人工作范围如图5-48所示。

5）Show Joint Jog Tool：显示/隐藏机器人关节调节工具。单击后的关节手动调节工具如图5-49所示，在机器人六根轴处都会出现一根绿色的箭头，可以用鼠标拖动箭头来调整对应的轴转动。当绿色的箭头变为红色时，表示该位置超出机器人运动范围，机器人不能到达。

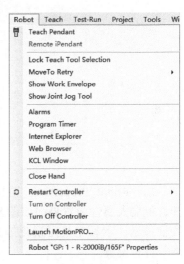

图5-47　机器人菜单

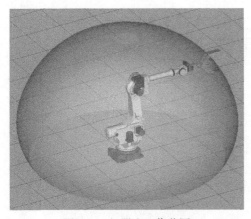

图5-48　机器人工作范围

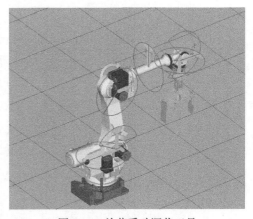

图5-49　关节手动调节工具

6）Alarms：显示机器人的所有程序报警信息。

7）Program Timer：程序时间器，记录整个工作站仿真动作时的各时间节点。

8）Close Hand：打开或闭合机器人手爪。

9）Restart Controller：重启控制系统，包括冷启动、控制启动和初始化启动。

10）Turn On/Off Controller：打开/关闭机器人控制系统。

11）Launch MotionPRO...：启动 MotionPRO。运动优化界面如图5-50所示，MotionPRO具有运动数据分析与运动优化功能，统计和分析程序运行的各部分时间和机器人工作效率。通过丰富的运动优化功能，用户可以优化TP程序，实现缩短循环时间，提高路径精度，延长减速器寿命，降低功耗。

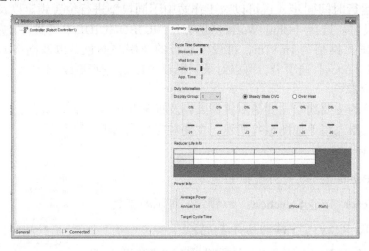

图5-50　运动优化界面

12）Robot Properties：对机器人属性进行设置，也可以双击机器人或从导航窗格中打开，机器人属性设置界面如图5-51所示界面，在这里可以对机器人的名称、型号、透明度、线框显示、示教工具可视化等进行设置，还可以对机器人空间位置和显示机器人的工作范围等进行设置。

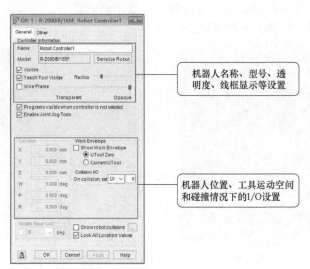

图5-51　机器人属性设置界面

**6. 示教菜单**

示教菜单主要是对程序及仿真指令的操作，包括创建仿真程序、创建TP示教程序、上传程序、修改和导出TP程序以及对仿真指令的添加、修改等。示教菜单如图5-52所示。

1）Teach Program：开始执行已创建的TP程序。

2）Add Simulation Program：创建仿真程序。

3）Add TP Program：创建TP示教程序。

ROBOGUIDE中的TP程序与现场机器人的TP程序可以相互导入和导出，通常在ROBOGUIDE做离线编程与仿真，然后将TP程序导入到机器人，在现场完成TP程序的调试。

4）Load Program：导入程序（加载程序）。

5）Save All TP Programs：保存所有的TP程序。可以直接保存TP程序到某个文件夹，也可将TP程序存为Text（.LS）格式，方便用户在计算机中查看。

6）Draw Part Features： ✏识别工件表面特征并创建对应程序。这是一个非常重要的指令，通过识别工件表面特征，自动生成零件加工的工程轨迹路径，一般在建立复杂轨迹程序时会用到。启用该指令后，将打开CAD-To-Path界面。CAD-To-Path功能界面如图5-53所示。

此处利用Closed Loop（闭合回路）的功能，提取左侧Parts的CAD模型特征曲线。在特征曲线属性界面，设置参数后可自动生成指定名称的TP程序。利用特征曲线自动生成TP程序如图5-54所示。

7）Find and Replace：对程序中的语句进行查找和替换。

8）Program Properties：程序属性设置。程序属性窗口如图5-55所示，可以查看并更改程序命名、存储位置等。

**7. 测试运行菜单**

测试运行菜单如图5-56所示，测试运行菜单主要是对机器人工作站仿真程序进行测试运行，目的是检测出机器人运行时的奇异点、碰撞、程序运行节拍等，以便及时对程序进

图5-52 示教菜单

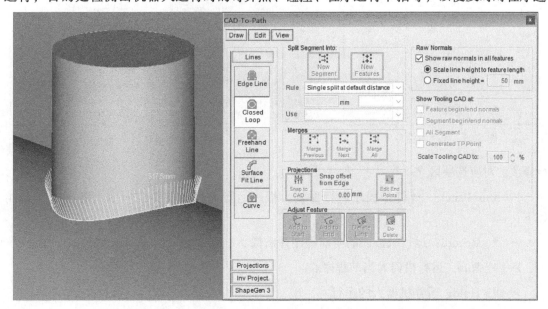

图5-53 CAD-To-Path功能界面

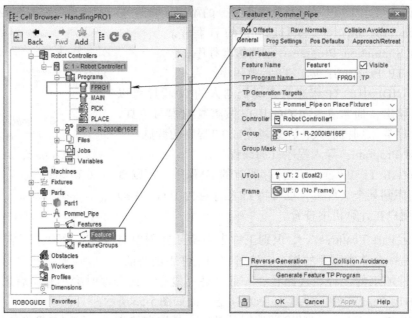

图5-54 利用特征曲线自动生成TP程序

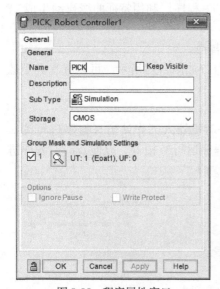

图5-55 程序属性窗口

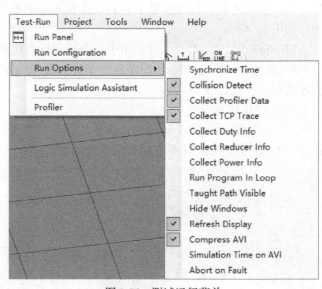

图5-56 测试运行菜单

行修改。对应选项区 ✱ ▶ ▾ ‖ ■ ⏏ ⊗ ▥ 。

1）Run Panel：▥ 打开程序运行面板。程序运行面板如图5-57所示，各项操作功能如下：

➤ ✱ Record：运行机器人的当前程序并录像。

➤ ▶ Run：运行机器人当前程序。

➤ ‖ Hold：暂停机器人的运行。

➤ ■ Abort：停止机器人的运行。

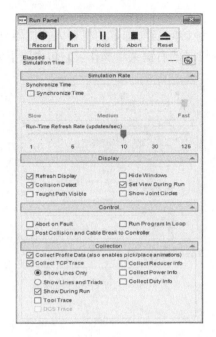

常用设置选项说明:

➢ Elapsed Simulation Time:仿真运行时间

➢ Synchronize Time:时间同步

➢ Run-Time Refresh Rate:运行时间刷新率

➢ Refresh Display:刷新画面

➢ Hide Windows:隐藏窗口

➢ Collision Detect:碰撞检测

➢ Set View During Run:设定程序运行视角

➢ Taught Path Visible:示教路径可见

➢ Show Joint Circles:显示关节范围

➢ Abort on Fault:发生错误中止程序

➢ Run Program In Loop:循环执行程序

图 5-57 程序运行面板

➢ ⏏ Reset:消除运行时出现的报警。

2)Run Configuration:打开运行配置对话框。运行配置对话框如图 5-58 所示。运行配置一共可以设置为10个模式,配置后,供ROBOGUIDE模拟运行时选择使用。单击 ▶ · 右侧下拉列表,可见10个配置选项。Cycle Start配置选项如图 5-59 所示。

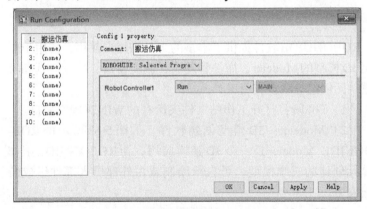

图 5-58 运行配置对话框

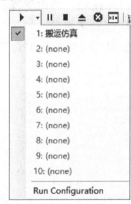

图 5-59 Cycle Start配置选项

3)Run Options:运行选项设置。

4)Logic Simulation Assistant:Logic Simulation Assistant提供了提取程序执行所需的I/O信号,并在仿真过程中自动切换其值的功能。逻辑仿真功能可以让用户轻松模拟真实的机器人程序,而无须用户从外围设备输入信号。

5)Profiler:分析功能,提供所选任务的详细过程信息,包括任务运行方式的状态、机器人运动的时间、执行应用程序指令的时间、程序等待或延时时间等。

**8. 项目菜单**

项目菜单如图5-60所示，项目菜单提供了另一种访问当前选定的机器人控制器开发功能的方法，各条目的操作相当于图5-61所示的Files目录的右键菜单操作。它包含以下条目：

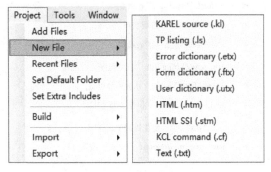

图5-60　项目菜单　　　　　　　　　　　　图5-61　文件目录右键菜单

1) Add Files：添加文件。

2) New File：新建工程文件。

3) Recent Files：查看最近文件。

4) Set Default Folder：设定默认文件夹。

5) Set Extra Includes：额外的搜索路径设置。设置多个路径时，用分号来分隔。

6) Build：创建，即将程序源代码转换为可加载的二进制格式的文件。

7) Import：导入文件。

8) Export：导出文件。

**9. 工具菜单**

如图5-62所示为工具菜单，ROBOGUIDE软件提供了丰富的工具供用户使用，如用于创建3D模型的Modeler、插件管理器、诊断窗口、喷涂仿真和轨道单元创建等众多实用工具。

图5-62　工具菜单

1) Folder：打开工作站文件夹所在的WINDOWS窗口。

2) Modeler：3D模型创建软件。如图5-63所示的ROBOGUIDE Modeler是一个3D建模应用，为ROBOGUIDE工作单元创建的三维模型，可自行绘制或由外部导入部件组成装配模型。

3) Plug In Manager：插件管理器。

4) Diagnostics：诊断窗口。

5) Escape TP Program Utility：Escape TP程序工具。

6) Handling Support Utility：搬运支持工具。为方便示教操作，可对机器人控制器里的TP程序进行修改运动指令示教位置、位置移位、复制和运动测试等操作；建立TP程序和放置的Part（零件）之间的关系，具有相应位置变化的自动计算功能。

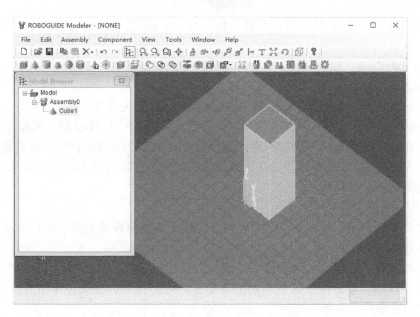

图 5-63　ROBOGUIDE Modeler窗口

7）I/O Panel Utility：I/O面板工具。I/O面板工具如图 5-64所示，经I/O设置操作后，在I/O面板上可实现对机器人控制器和外部设备的I/O信号显示与状态更改。

8）Reducer Life Estimation by Real Robot Data：通过真实机器人数据进行寿命评估。

9）Optimize Position Utility Menu：位置优化工具菜单。

10）Spray Simulation：喷涂仿真。喷涂示教程序的仿真运行，参照仿真结果计算喷涂时间和物体表面涂膜厚度，根据喷涂时间、涂膜厚度的不同，将物体表面颜色由红色变为蓝色，在屏幕上可视化绘制结果。

11）Position Check Utility Menu：机器人位置检查工具菜单。

12）Rail Unit Creator Menu：轨道单元创建菜单。轨道单元创建窗口如图 5-65所示，利用轨道单元创建功能，可对指定机器人自动创建附加的标准规格的轨道单元模型。

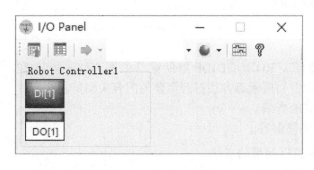

图 5-64　I/O面板工具

图 5-65　轨道单元创建窗口

13）Spot Welding PlugIn：点焊插件。

14）Air Cut Path PlugIn：气割路径插件。自动生成气割路径，以避免与工装夹具发生碰撞。

15）Set Interlock：设置联锁。此插件功能用于设置最多10个机器人之间的联锁。

16）External I/O Connection：外部I/O连接。

17）Generation of machine tool workcell：机床工作单元生成。

18）Simulator：仿真插件。此功能用于监视实际机器人控制器/机器人模拟器运行。

19）Options：选项设置。可根据用户需要自定义ROBOGUIDE首选项的设置。有示教、常规、机器人、对象、CAD To Path、AVI图像、颜色、系统设置等多个选项卡，每个选项卡针对不同类别进行选项设置。

**10. 窗口和帮助菜单**

窗口菜单如图5-66所示。窗口菜单为用户提供了多窗口模式选择、图形屏幕大小调整、最小化窗口等窗口操作。

1）3D Panes：三维窗格。如图5-66所示，三维窗格包括了单窗口、多窗格左、多窗格右、水平拆分窗格、垂直拆分窗格和四分方形窗格等形式。拆分成多窗格后，可用鼠标调整分割窗口的大小。

2）Graphic Screen Size：图形屏幕大小。设置窗口界面的大小，可以选择不同的窗口尺寸显示。

3）Minimize All：最小化编辑器窗口。

4）Show All：打开所有窗口。

5）Reset：重置"Don't show this again"窗口选项。

**11. 帮助菜单**

帮助菜单如图5-67所示。帮助菜单为用户提供了丰富的软件帮助功能，具体功能如下：

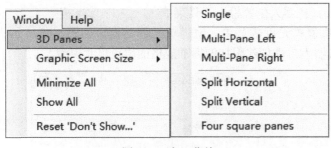

图5-66 窗口菜单

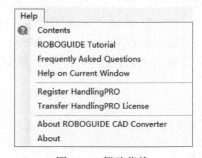

图5-67 帮助菜单

1）Contents：内容，用于打开帮助系统。ROBOGUIDE帮助窗口如图5-68所示。在ROBOGUIDE帮助窗口中，可通过目录、索引和搜索等方法打开需要的内容来浏览。

2）ROBOGUIDE Tutorial：ROBOGUIDE指南。

3）Frequently Asked Questions：常见问题解答。

4）Help on Current Window：当前窗口的帮助主题。

5）Register HandlingPRO：注册HandlingPRO。

6）Transfer HandlingPRO License：转移许可证。提供对话框窗口，用于将有效的软件许可证从一台计算机转移到另一台计算机。

7）About ROBOGUIDE CAD Converter：关于ROBOGUIDE CAD转换器软件版本信息。

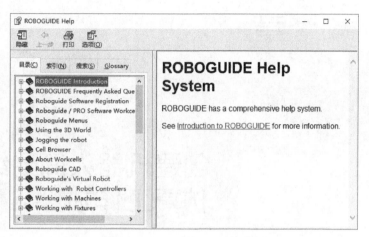

图5-68 ROBOGUIDE帮助窗口

## 5.5 思考与练习

（1）请根据本章内容，安装ROBOGUIDE8.3版本软件，并熟悉相关的配置。

（2）熟悉ROBOGUIDE界面，并试着创建Workcell。

# 第 **6** 章

### hapter

## 创建机器人简易练习 仿真工作站

## 6.1 任务素材及任务描述

在第5章中，对ROBOGUIDE的基本功能做了介绍。在本章中，将建立串联机器人工作站，进行机器人参数设置、周边设备的添加、夹爪工具的设置、行走轴的添加等。最后，搭建一个如图6-1所示工作站实例场景，通过编程，实现机器人对工件的抓取与摆放仿真。供参考的抓取和摆放工件实例任务的ROBOGUIDE素材可通过图6-2所示扫码方式获取。

图6-1　工作站实例场景

图6-2　ROBOGUIDE素材

## 6.2 任务一：添加周边设备

工业机器人离线编程与仿真的前提是在ROBOGUIDE的虚拟环境中按照现实的工作现场搭建一个仿真工作站。仿真工作站应用了计算机图形技术与机器人控制技术，包含场景模型与控制系统软件两大内容。搭建一个机器人仿真工作站场景模型，一般包括工业机器人 Robot（焊接机器人、搬运机器人等）、工具 EOATs（焊枪、夹爪、喷涂工具等）、外部机械装置 Machines（传送带、行走轴、变位机等）、工装台 Fixtures、工件 Parts 以及外围设备模型 Obstacles（电子设备、围栏等）。其中，机器人、工具、工装台以及工件是构成仿真工作站必不可少的要素。

ROBOGUIDE 中可添加各类实体对象，这些实体对象从来源上可分为三部分，一是 ROBOGUIDE 自带的模型库（CAD Library），二是从其他三维软件导入的模型文件，三是通过 ROBOGUIDE 创建的简易三维模型，如长方体、圆柱体和球体等。ROBOGUIDE 中已自带一定数量的模型库可供用户使用，为工程设计者提供了方便，提高了设计效率。如果需要特别设计，可通过专业的三维软件绘制模型，然后导入 ROBOGUIDE 中使用。另外，ROBOGUIDE 软件在 Tools 菜单下带有 Modeler 模块，能够建立简单的三维模型，为工程设计者提供了简单的模型建模工具。

### 6.2.1 添加 Fixtures

Fixtures 下的模型属于工件辅助模型，一般在机器人仿真工作站中充当工件的承载体，即工装台。实际生产中作为工件承载体的加工工作台、工件夹具等都作为 Fixtures 模型在仿真工作站中创建。一个仿真工作站中可以有多个 Fixtures 模型，模型添加数量不限，各模型之间相互独立。当模型以 Fixtures 的方式添加到 ROBOGUIDE 中时，可在此 Fixtures 上附加 Parts，当移动 Fixtures 时，附加在它上面的 Parts 也随之一起移动。

在创建 Fixtures 模型时，可使用 ROBOGUIDE 自带的模型或者外部模型。ROBOGUIDE 模型库中的模型虽然数量有限，但样式较为直观，都是生产现场常见的各种工装设施。若要快速构建场景，且对场景美观度要求不高时，也可以利用添加几何模型（立方体、圆柱体、球体和容器）来快速创建 Fixtures 模型。若是专用特别设计的仿真工作站，则需通过专业的三维软件绘制模型，并导出成相应格式文件，常用格式有：.IGS、.stl、.3ds 等，再由 ROBOGUIDE 导入后作为 Fixtures 模型使用。

添加 Fixture 的过程如下：

1）单击工具栏 图标或者菜单 [View]→[Cell Browser]，打开 Cell Browser 窗口。

2）右键单击 Fixtures，在右键菜单中选择 [Add Fixture]。Add Fixture 操作如图 6-3 所示，出现七个选项。Fixture 的七个选项可分为三类：

➤ 第一类 [CAD Library] 加载的是 ROBOGUIDE 中自带的三维模型库，包括传送带、夹具、加工中心、托盘、架子和工作台等。Fixture CAD 模型库选择后如图 6-4 所示。

➤ 第二类 [Single CAD File]（单个 CAD 文件）和 [Multiple CAD File]（多个 CAD 文件）加载的是从其他三维制图软件所导出的三维模型，还可以选择将多个模型合为一个整体，若合为一个整体，则这些模型会将各自的原点坐标系重合。

➤ 第三类为简易的三维模型，即长方体、圆柱体、球体和容器四种，加载时以默认的尺寸载入，用户根据需要进行尺寸修改。

3）选择一类 Fixture 加载后，自动打开此 Fixture 的属性设置界面。Fixture 属性设置界面如图 6-5 所示。

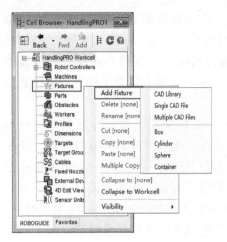

图 6-3 Add Fixture 操作

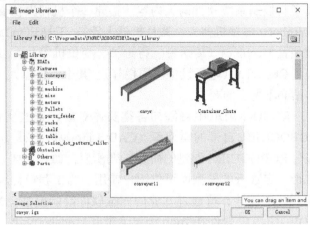

图 6-4 Fixture CAD 模型库

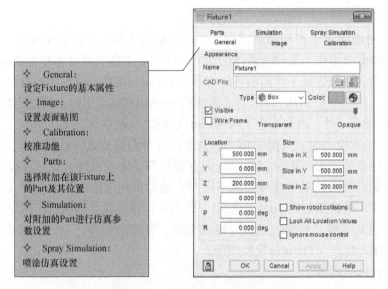

图 6-5 Fixture 属性设置界面

General 选项卡下各项说明见表 6-1。

表 6-1 General 选项卡下各项说明

| 选项 | 功能说明 |
| --- | --- |
| Name | 更改 Fixture 的名字 |
| CAD File | 所添加模型的文件路径 |
| Type | Fixture 的类型 |
| Color | 改变 Fixture 的颜色 |
| Visible | 显示或者隐藏 Fixture，更改后单击应用方能生效 |
| Wire Frame | 选中后模型以线框显示 |
| Transparency slider bar | 更改模型的透明度 |
| Location | 以工作环境的原点为参照，定义模型原点的位置 |

（续）

| 选项 | 功能说明 |
|------|---------|
| Size/Scale | 模型为第三类简易三维模型时,修改模型的尺寸。模型为导入的三维模型时,修改模型的缩放比例 |
| Show robot collisions | 选中时,会检测此模型是否与工作场景内的机器人有碰撞。当发生碰撞时,此模型会高亮显示 |
| Lock All Location Values | 选中时,模型的位置被锁定,不可更改 |
| Ignore mouse control | 选中时,忽略针对本对象的鼠标控制操作 |

4）若需要删除 Fixture，则删除 Fixture 操作如图 6-6 所示，可右键单击该 Fixture1，在右键菜单中选择〔Delete Fixture1〕（删除）。此外，也可对 Fixture 进行复制、粘贴等操作。

图 6-6　删除 Fixture 操作

## 6.2.2　添加 Parts

工件是实际生产中被加工的对象，在 ROBOGUIDE 中，把工件加入到 Parts 下作为工件模型后并不能马上生效，需关联到 Fixtures 或者 Machines 或者 Eoat 上才能用于仿真。添加 Parts 的方法以及 Parts 的种类与 Fixtures 相似，不再赘述。

添加一个 Part1，其尺寸大小如图 6-7 所示。当 Parts 添加到 ROBOGUIDE 后，会显示在一个灰色的长方体上。Part1 显示如图 6-8 所示，此时 Part1 还不能使用。

添加 Part1 之后，选择一个将要附加 Part1 的 Fixtures 或者 Machines，以附加到 Fixture1 上为例，打开其属性界面，选择 Parts 选项卡。如图 6-9 左图所示，勾选需要附加的〔Part1〕，单击〔Apply〕（应用）按钮，此 Part1 即附加到 Fixture1 上，并且原点坐标重合。勾选〔Edit Part Offset〕后，可修改 Part1 在 Fixture1 上的位置。更改位置后，单击〔Apply〕（应用）按钮应用，Part1 附加在 Fixture1 上。附加 Part 操作与显示如图 6-9 所示。

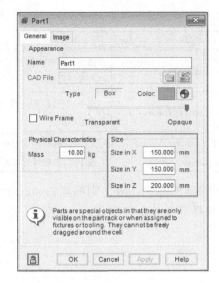

图 6-7　Part1 设置

图 6-8　Part1 显示

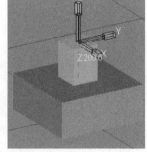

图 6-9　附加 Part1 操作与显示

### 6.2.3　添加 Obstacles

Obstacles 的主要作用是添加一些不参与模拟，仅演示现场位置的外围设备，如围栏、控制柜等。Obstacles 下的模型是仿真工作站非必需的，但可以起到限制机器人运动范围或者装饰作用。在编写离线程序时，机器人的路径应绕开这些物体，避免发生碰撞。

Obstacles 的添加和属性设置与 Fixtures 基本一致，但 Obstacles 上不能附加 Parts。添加 Obstacles 模型只需输入确定的位置即可。

添加 Obstacles 的过程如下：

➤ 打开 Cell Browser 窗口。

➤ 右键单击 Obstacles，在右键菜单中选择 [Add Obstacles]，出现七个选项。Add Obstacles 选择项如图 6-10 所示。

Obstacle的七个选项可分为四类：

➤ 第一类［CAD Library］是加载ROBOGUIDE中自带的三维模型库，包括弧焊配件、相机机架、机器人控制器、围栏、电气控制柜、计算机和机器人底座等。Obstacles CAD库选择后如图6-11所示。

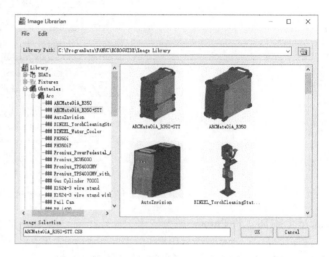

图6-10　Add Obstacles选择项　　　　　　图6-11　Obstacles CAD库

➤ 第二类［Single CAD File］（单个CAD文件）和［Multiple CAD File］（多个CAD文件）是加载从其他三维制图软件所导出的三维模型，还可以选择将多个模型合为一个整体，若合为一个整体，则这些模型会将各自的原点坐标系重合。

➤ 第三类为ROBOGUIDE生成的简易三维模型，即长方体、圆柱体、球体和容器四种，加载时以默认的尺寸载入，用户根据需要进行尺寸修改。

➤ 第四类［Generate Fences］是建立围栏的操作。通过此类操作，可快速建立仿真工作站围栏。Generate Fences操作如图6-12所示，在建立围栏界面内选择需要的围栏类型、高度后，在1处单击鼠标，2处双击鼠标，再单击3处［Generate Fences］生成围栏，得到图6-13所示围栏。最后单击OK按钮，完成建立围栏操作。

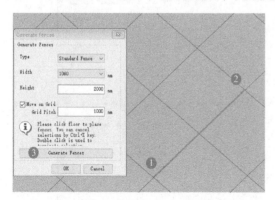

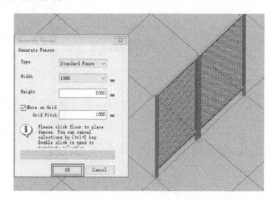

图6-12　Generate Fences操作　　　　　　图6-13　建立的围栏显示

Obstacle下的大部分项目的属性界面如图6-14所示，其General选项卡下各项内容与Fixtures的属性界面相类似。特别指出，在Obstacle的属性里，没有Parts选项卡，即不能在Ob-

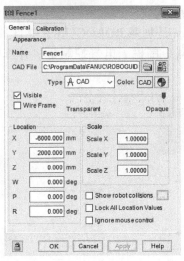

图6-14　Obstacle属性界面

stacle上附加工件Parts。

# 6.3　任务二：添加机器人相关设备

## 6.3.1　设置机器人属性

　　机器人模组在创建工程文件时自动生成了三维模型，用户可借助虚拟TP示教器或工具栏工具对其进行运动控制。在Cell Browser中双击图6-15所示机器人名称，或在工作环境中双击机器人模型都可以打开机器人属性设置界面。机器人属性设置项目主要有机器人名称、机器人工程文件配置修改、机器人模组显示状态、机器人位置和碰撞检测等设置。机器人属性设置界面如图6-16所示。

图6-15　打开机器人属性设置

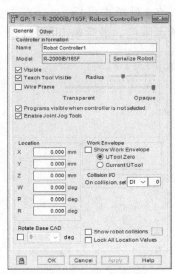

图6-16　机器人属性设置界面

机器人属性设置界面上信息与Fixtures属性设置界面的信息相同部分不再赘述，不同部分介绍如下：

[Model] 文本框：机器人的型号。

[Serialize Robot] 按钮：更改机器人的设置。单击该按钮后出现如同创建机器人工程文件时的界面。Serialize Robot操作界面如图6-17所示。按引导步骤进行操作，可以修改在创建机器人工作站时选定的信息。

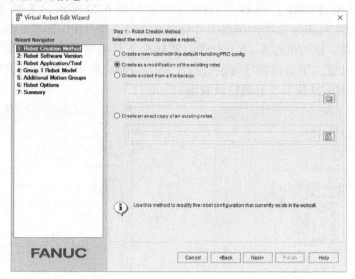

图6-17 Serialize Robot操作界面

[Teach Tool Visible] 复选框：是否显示TCP。

[Radius] 调节栏：调节TCP显示半径。ROBOGUIDE中TCP是以一个绿色的球体显示，这里可以调节此球体的半径。

如果要添加机器人，可右键单击Cell Browser中的 [Robot Controller]（机器人控制器），出现 [Add Robot]（添加机器人）选项。添加机器人操作选项如图6-18所示。单击 [Single Robot-Serialize Wizard] 后，出现如创建机器人工程文件时的界面，按引导步骤进行操作，可以实现添加机器人。若选择单击 [Add Robot Clone]，则出现Add Robots的Clone界面。Add Robot Clone界面如图6-19所示。在设置克隆的机器人对象、添加数量和偏移位置后，即可添加生成与克隆对象一样的机器人。

图6-18 添加机器人操作选项

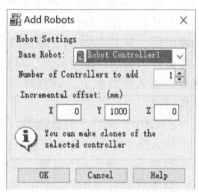

图6-19 Add Robot Clone界面

### 6.3.2 添加工具

工具是指安装在机器人法兰盘上的末端执行器。常见的末端执行器有夹爪、焊枪、焊钳和喷涂枪等。ROBOGUIDE软件提供了一定数量和类型的上述工具模型供用户使用，用户也可自行设计三维模型作为工具来使用。不同的工具可在仿真运行时模拟不同的效果，如搬运仿真时，夹爪模拟开合动作，实现目标物体抓取或放置动作。焊接仿真时，焊枪尖端会产生火花并出现焊缝。机器人 Tooling 目录如图 6-20 所示，在机器人下选择 Cell Browser 中机器人的 Tooling 选项，出现工具目录 UT：1~UT：10，即单个机器人模组上最多可以添加10个工具，这与机器人 TP 上允许设置10个工具坐标系是相对应的。在具有多个工具的情况下，可以通过手动或程序控制进行工具的切换。在工具模型列表中，双击其中一个 UT，会出现如图 6-21 所示工具属性设置窗口。

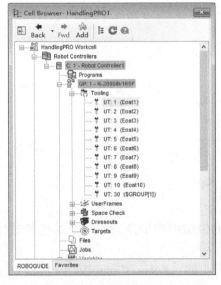

图 6-20　机器人 Tooling 目录

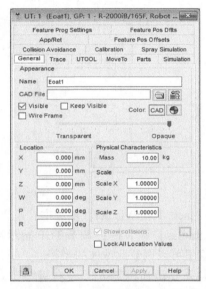

图 6-21　工具属性设置窗口

在［General］选项卡中，Name 为工具的名称。工具名称支持中英文的自定义重命名，通过不同命名，更易区分不同的工具。

［General］选项卡中的［CAD File］文本框中可输入工具的文件目录，其右边有两个按钮。按钮 为打开外部三维软件导入的工具模型，按钮 为打开 ROBOGUIDE 软件自带的工具模型库，软件自带了丰富的工具模型。工具 CAD 模型库如图 6-22 所示。选择好工具模型后，单击［Apply］按钮即可实现工具的应用。

若需调整工具的位置与姿态，可在［Location］中修改数据，使工具以正确的位置与姿态安装在机器人法兰盘上。调整好后，可选中［Lock All Location Values］复选框，则会锁定工具位置。

在［UTOOL］选项卡的各选项，主要用于编辑工具的 TCP 点位置值，默认的 TCP 点位置位于机器人法兰盘的中心，勾选［Edit UTOOL］复选框后，方可进行输入。TCP 设置界面如图 6-23 所示。当导入工具后，需要重新调整 TCP 位置，将它设置到工具上。不同类型的工具，TCP 点设置也不同，如：夹爪类 TCP 通常设在法兰中线与手爪前端面的交点处，弧焊焊枪 TCP 设在焊枪尖头，点焊焊钳 TCP 设在焊钳的固定侧电极头的前端。

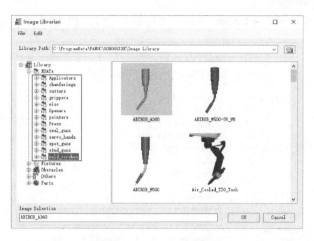

图 6-22 工具CAD模型库

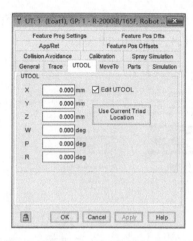

图 6-23 TCP设置界面

## 6.4 任务三：添加附加轴

附加轴指的是除了机器人本体外，辅助机器人扩大作业范围的其他外部关节。在进行焊接、喷涂、搬运和码垛等复杂或大范围工作时，工业机器人往往与变位机、转台和导轨等外部附加运动机构配合，以完成相应的任务。这些外部附加运动机构可以接受机器人控制器伺服控制实现动作，也可以通过机器人控制器发出的I/O信号触发外部控制器（常见如PLC）以实现动作。

### 6.4.1 设置电动机控制方式

要在ROBOGUIDE中添加由机器人控制器实现的伺服控制附加轴时，需要专用控制软件的支持，否则不能在机器人系统中实现控制。根据附加轴的类型及用途，创建Workcell过程中，要选择安装与之相对应的软件。表6-2列举出常用附加轴软件及其功能说明。

表6-2 常用附加轴软件及其功能说明

| 软件名称 | 代码 | 功能说明 |
|---|---|---|
| Basic Positioner | H896 | 用于变位机，能实现与机器人协调运动 |
| Independent Axes | H895 | 附加轴，与机器人6轴不同组 |
| Extended Axis Control | J518 | 附加轴，与机器人6轴同一组 |
| Multi-group Motion | J601 | 多组运动控制 |
| Coord Motion Package | J686 | 协调运动控制 |
| Multi-robot Control | J605 | 多机器人控制 |

下面以添加行走轴为例，进行附加轴相关软件的添加与参数配置，步骤如下：

1）创建Workcell，在Robot Options选择软件选项时，勾选［J518（Extended Axis Control）］。Extened Axis Control选项添加如图6-24所示。若不进行选择，则Workcell中将无法进行附加轴配置设定。

2）打开新建的Workcell后，在Controlled Start控制启动模式下进行行走轴的设置。打开控制启动模式操作如图6-25所示，按此方法打开控制启动模式。选择［Robot］（机器人）→［Restart Controller］（重启控制器）→［Controlled Start］（控制启动），机器人控制器将重启，并弹出TP窗口。

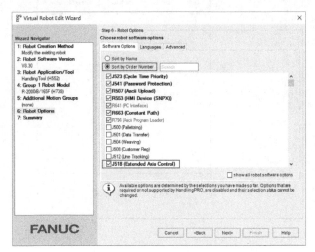

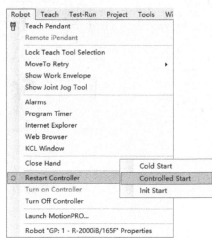

图6-24　Extended Axis Control选项添加　　　　图6-25　打开控制启动模式操作

3）在TP窗口中，单击［Menu］（菜单）按钮，选择［9. MAINTENANCE］（机器人设定）。控制启动界面如图6-26所示，按［ENTER］（回车）按钮确认。

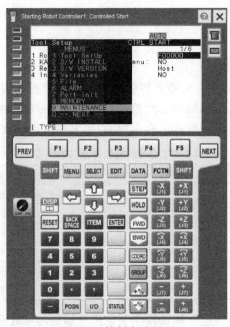

图6-26　控制启动界面

4）移动光标至［Extended Axis Control］（附加轴），按［F4］（MANUAL）（手动）键。附加轴手动配置选择如图6-27所示。

5）输入数字1，即选择1. Group1，按［ENTER］（回车）键确认。选择组1界面如图6-28所示。

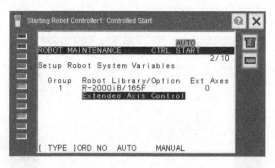

图 6-27 附加轴手动配置选择

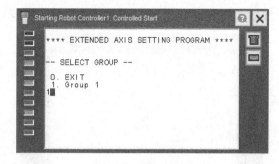

图 6-28 选择组 1 界面

6）此附加轴放在组 1 中，将作为 6 轴机器人的第 7 轴，所以输入数字 7，按［ENTER］（回车）键确认，附加轴配置为第 7 轴界面如图 6-29 所示。

7）输入数字 2，即选择 2. Add Ext axes（添加附加轴），按［ENTER］（回车）键确认。添加附加轴界面如图 6-30 所示。

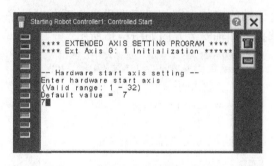

图 6-29 附加轴配置为第 7 轴界面

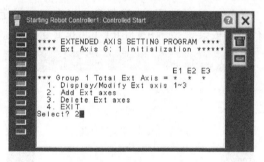

图 6-30 添加附加轴界面

8）输入数字 1，添加一个附加轴，按［ENTER］（回车）键确认。添加 1 轴界面如图 6-31 所示。

9）输入数字 2，选择 2.Enhanced Method（增强方法），按［ENTER］（回车）键确认。选择 Enhanced Method 界面如图 6-32 所示。

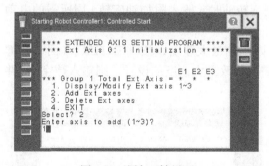

图 6-31 添加 1 轴界面

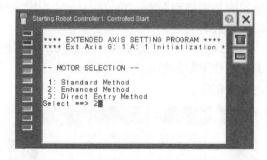

图 6-32 选择 Enhanced Method 界面

10）输入数字 62，选择 62. ai S8 作为附加轴所使用的电动机种类，按［ENTER］（回车）键确认。选择电动机种类如图 6-33 所示。

11）输入数字 2，选择 2. ai S8/4000 80A（电动机的类型和最大电流控制值），按［ENTER］（回车）键确认。选择电动机型号和电流规格如图 6-34 所示。在选择操作时，应

107

根据实际所使用的伺服电动机和附加轴放大器的铭牌，选择电动机型号和电流规格。

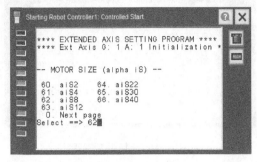

图 6-33　选择电动机种类

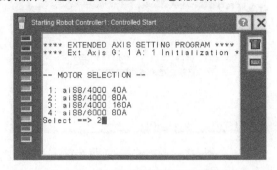

图 6-34　选择电动机型号和电流规格

12）输入数字1，选择1.Integrated Rail（Linear axis），即附加轴的类型为行走轴（线性轴），按［ENTER］（回车）键确认。选择线性轴如图6-35所示。若选择2，则附加轴的类型为旋转轴。

13）输入数字2，选择2. +Y axis，设定附加轴的安装方向相对于世界坐标系的Y轴平行方向安装，按［ENTER］（回车）键确认。选择附加轴安装方向如图6-36所示。

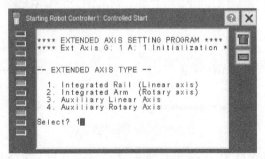

图 6-35　选择线性轴

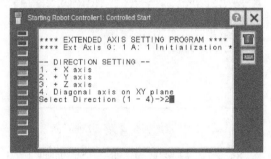

图 6-36　选择附加轴安装方向

14）输入数字10，即减速比值为10，按［ENTER］（回车）键确认。设定减速比如图6-37所示。减速比的大小决定于机械传动结构，当设定的是线性轴时，输入电动机旋转1周的附加轴移动距离，单位为mm。当设定的是旋转轴时，输入附加轴旋转1周所需的电动机的转数。

输入数字2，选择2.No Change，即不修改附加轴最大速度，按［ENTER］（回车）键确认。设定附加轴最大速度如图6-38所示。若需要修改最大速度的设置，则输入数字1，并输入设定值。

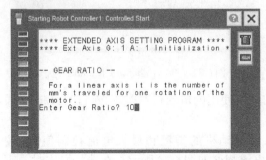

图 6-37　设定减速比

图 6-38　设定附加轴最大速度

15）输入数字 2，选择 2.FALSE，即附加轴相对电动机正转的可动方向为负方向，按 [ENTER]（回车）键确认。设定附加轴电动机转向如图 6-39 所示。若输入数字 1，选择 1. TRUE，则附加轴相对电动机正转的可动方向为正方向。

16）输入数字 4000，设定附加轴的运动范围上限值，单位为 mm，按 [ENTER]（回车）键确认。设定附加轴运动范围上限值如图 6-40 所示。

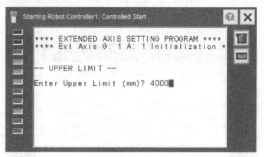

图 6-39　设定附加轴电动机转向　　　　　　　图 6-40　设定附加轴运动范围上限值

17）输入数字 –100，设定附加轴的运动范围下限值，单位为 mm，按 [ENTER]（回车）键确认。设定附加轴运动范围下限值如图 6-41 所示。

18）输入数字 0，设置附加轴的校准位置，按 [ENTER]（回车）键确认。设置附加轴校准位置如图 6-42 所示。

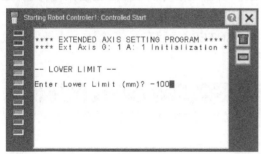

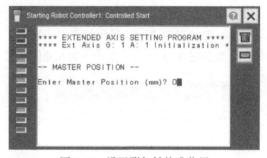

图 6-41　设定附加轴运动范围下限值　　　　　　图 6-42　设置附加轴校准位置

19）输入数字 2，选择 2.No Change，以建议值设定附加轴第 1 加减速时间常数，按 [ENTER]（回车）键确认。设定附加轴第 1 加减速时间常数如图 6-43 所示。若需要更改，则输入数字 1。

20）输入数字 2，选择 2.No Change，以建议值设定附加轴第 2 加减速时间常数，按 [ENTER]（回车）键确认。设定附加轴第 2 加减速时间常数如图 6-44 所示。若需要更改，

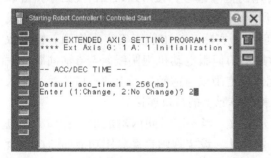

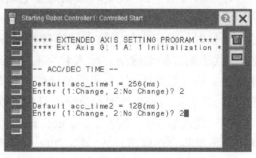

图 6-43　设定附加轴第 1 加减速时间常数　　　　图 6-44　设定附加轴第 2 加减速时间常数

则输入数字1。

21）输入数字2，选择2.No Change，以建议值设定最小加减速时间，按［ENTER］（回车）键确认。设定最小加减速时间如图6-45所示。若需要更改，则输入数字1。

22）输入数字3，设定相对电动机转子换算总负载的惯量比为3，按［ENTER］（回车）键确认。设定惯量比如图6-46所示。通常惯量比值范围为1~5，根据实际情况设置，若不设置惯量比，则输入数字0。

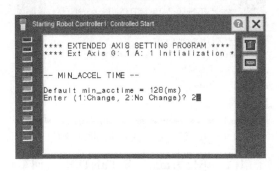

图6-45　设定最小加减速时间　　　　　　图6-46　设定惯量比

23）输入数字2，设定驱动此附加轴伺服电动机的伺服放大器编号为2，按［ENTER］（回车）键确认。伺服放大器的编号如图6-47所示。机器人本身的6轴伺服放大器为1，跟其相连接的附加轴伺服放大器为2。

24）输入数字2，选择伺服放大器类型2，按［ENTER］（回车）键确认。选择伺服放大器类型如图6-48所示。选项1为6轴伺服放大器。

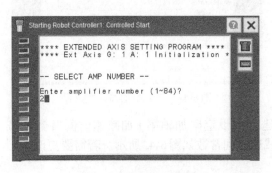

图6-47　伺服放大器的编号　　　　　　　图6-48　选择伺服放大器类型

25）输入数字2，设定附加轴伺服电动机使用的抱闸编号，按［ENTER］（回车）键确认。设定附加轴伺服电动机抱闸编号如图6-49所示。此编号表示附加轴伺服电动机抱闸线的连接位置，设定应与实物实际连接相对应，以保证实际运行中能正确实现抱闸。输入数字0：代表附加轴无抱闸。输入数字1：代表附加轴的伺服电动机抱闸线是与6轴伺服放大器相连。输入数字2：代表使用单独的抱闸单元，且抱闸线与抱闸单元上的C口连接。输入数字3：代表使用单独的抱闸单元，且抱闸线与抱闸单元上的D口连接。

26）输入数字1，选择1.Enable，即伺服断开有效，当一定时间内附加轴没有移动，电动机的抱闸将自动启用，按［ENTER］（回车）键确认。设定抱闸自动启用功能如图6-50所示。若不使用该功能，希望尽量缩短循环时间，则输入数字2，选择Disable。

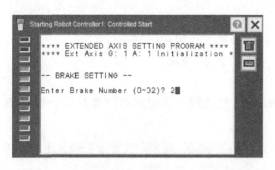

图 6-49 设定附加轴伺服电动机抱闸编号

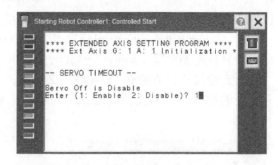

图 6-50 设定抱闸自动启用功能

27）输入数字 30，设定伺服关闭时间为 30s，按 [ENTER]（回车）键确认。设定伺服关闭时间如图 6-51 所示。

28）输入数字 4，选择 4. EXIT，即退出附加轴设定，按 [ENTER]（回车）键确认。退出附加轴设定如图 6-52 所示。若要进行其他操作，则输入数字 1，显示或更改附加轴的设定。输入数字 2，添加附加轴。输入数字 3，删除附加轴。

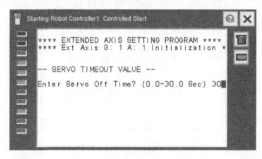

图 6-51 设定伺服关闭时间

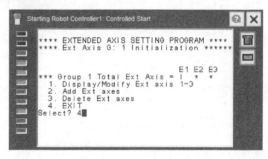

图 6-52 退出附加轴设定

29）输入数字 0，选择 0. EXIT，按 [ENTER]（回车）键确认。退出操作如图 6-53 所示。返回至机器人设定界面。

30）至此，完成附加轴的设定，机器人需要冷启动，退出控制启动模式。按 [FCNT] 键→[1. START（COLD）]→[ENTER]，退回到一般模式界面。冷启动操作如图 6-54 所示。

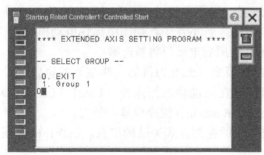

图 6-53 退出操作

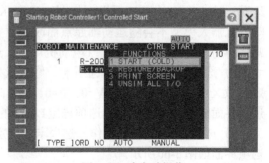

图 6-54 冷启动操作

完成行走轴的软件添加与设置后，进行行走轴模型的创建。行走轴模型可利用自建数模创建，也可以利用模型库来创建。下面分别加以介绍。

**1. 利用自建数模创建行走轴**

1）Cell Browser→[Machine]（机构）→单击右键→[Add Machine]（添加机构）→

[Box]。Add Machine右键菜单如图6-55所示。

2) Machine属性→General选项卡。Machine1属性界面如图6-56所示。

设置行走轴位置：X=0，Y=1500，Z=200，W=0，P=0，R=0。

行走轴尺寸：X=800，Y=4000，Z=200。

设置完毕，可勾选 [Lock All Location Values] 复选框，锁定所有位置数据，锁定机构位置。

图6-55　Add Machine右键菜单

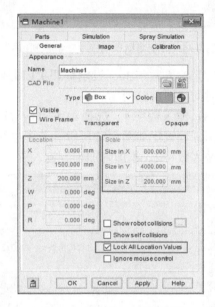

图6-56　Machine1属性界面

3) 选择 [Machine1]（机构1）→单击右键→[Attach Robot]（附加机器人）→选择对应机器人 [GP：1-R-2000iB/165F]，将机器人安装在导轨上。Attach Robot操作如图6-57所示。

4) 在Link1的General选项卡中，勾选 [Edit Axis Origin]，并设置运动轴的原点坐标位置与方向，输入参数X=0，Y=−1500，Z=0，W=0，P=0，R=0，默认电动机固定部位的坐标与运动轴原点重合。选择Y Axis设置，使电动机运转时机构沿Y轴方向（行走轴方向）运动。Link1 General选项界面如图6-58所示。注意，当不勾选 [Couple Link CAD] 选项时，机器人模型不会随运动轴原点而改变位置与方向。若不希望在视图中出现电动机模型，则取消勾选 [Motor Visible]（电动机可见）选项，应用后电动机将被隐藏。

5) 选择 [Link CAD] 选项卡，修改机构CAD模型（此处为机器人模型）的位置，设定参数X=0，Y=0，Z=0，W=0，P=0，R=0，即设定在运动轴的原点处。Link1 Link CAD选项界面如图6-59所示。此选项确定Link1的Master Position（校准位置）位置。

6) 选择 [Motion]（动作）选项卡，确定附加轴的控制方式和轴的信息。Link1 Motion选项界面如图6-60所示。

附加轴的控制方式有如下四种，可根据实际需要来选择。

- Servo Motor Controlled　伺服电动机控制。
- Device I/O Controlled　设备输入/输出控制。
- External Servo Motion　外部伺服移动。
- External I/O Motion　外部输入/输出移动。

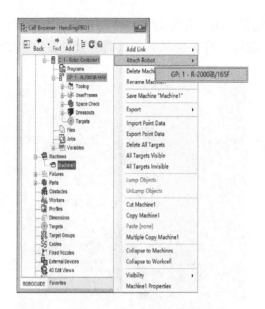

图 6-57 Attach Robot 操作

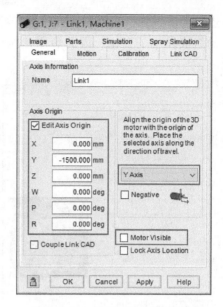

图 6-58 Link1 General 选项界面

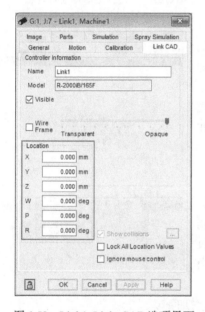

图 6-59 Link1 Link CAD 选项界面

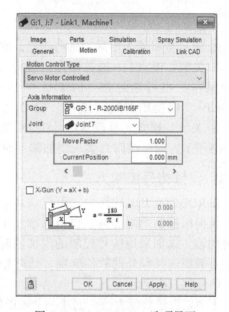

图 6-60 Link1 Motion 选项界面

**2. 利用模型库创建行走轴**

1) ROBOGUIDE 软件库中自带行走轴的数模, 可以利用此数模来建立一个机器人行走轴。单击工具栏上 [Tools] (工具) → [Rail Unit Creator Menu] (轨道单元创建菜单), 出现。轨道单元创建界面如图 6-61 所示。图中可选定: Type (轨道系列)、Cable (电缆位置)、Length (轨道长度)、Name (轨道名称) 等。单击 [Exec] 按钮创建轨道单元, 机器人将附在轨道单元上。利用模型库创建行走轴如图 6-62 所示。

2) 若勾选 [Setup Extend Axis Parameters to Robot] (设置机器人扩展轴参数) 选项, 则在单击 [Exec] 按钮后, 机器人将重新启动, 并将第 7 轴设置为机器人的附加轴, 根据所

113

选轨道长度值设置行程限制，并设置标准的电动机、齿轮比等参数。特别注意，由于机器人轴的组成发生了变化，因此启用并执行此设置后，将删除现有的机器人设置参数和TP程序。

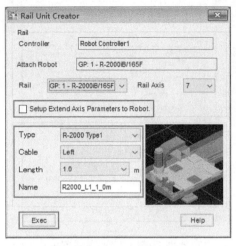

图6-61  轨道单元创建界面

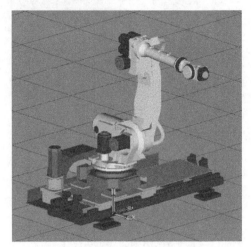

图6-62  利用模型库创建行走轴

### 3. 点动附加轴操作

用TP示教机器人沿附加轴行走时，将示教器调到 [G1 S 关节] 模式下，通过操作J7轴即可实现附加轴点动操作。也可通过按 [FCTN]→[TOGGLE SUB GROUP]（切换副群组）或按 [GROUP] 键切换成 [G1 S 关节] 模式。示教器在 [G1 S 关节] 模式如图6-63所示，通过操作J1实现附加轴点动操作。

### 6.4.2  设置信号控制方式

在ROBOGUIDE软件中，可以添加由机器人控制器实现伺服控制的附加轴，也可以添加采用信号控制的附加轴。添加采用信号控制的附加轴时，在新建过程中不需要选择额外的软件选项。此时Link的位置由所设信号状态决定。

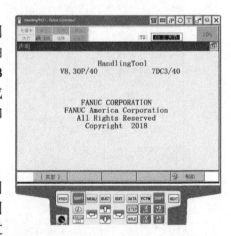

图6-63  示教器在 [G1 S 关节] 模式

下面以自建数模为例，创建一个采用信号控制的附加轴。

1）在导航目录窗口中，Machine下添加一个机构。

Cell Browser→[Machine]（机构）→单击右键→[Add Machine]（添加机构）→[Box]。在Machine属性对话框的 [General]（常规）选项卡中设置位置数据和尺寸大小。Machine1的General属性设置如图6-64所示，设置完成后应用。

2）选择 [Machine1]（机构1）→单击右键→[Add Link]（添加Link）→[Box]。

在Link1属性对话框的 [Link CAD] 选项卡中，设置CAD模型的位置数据和尺寸大小。Link1的Link CAD选项设置如图6-65所示，设置完成后应用。此项中确定Link CAD模型的Master Position（校准位置），一般就是指0的位置。需要时，可更改CAD模型颜色，与Machine1机构以示区别。

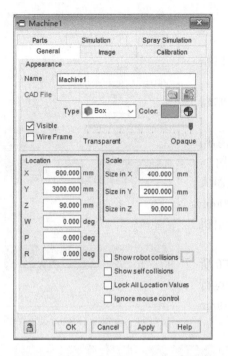

图 6-64 Machine1 的 General 属性设置

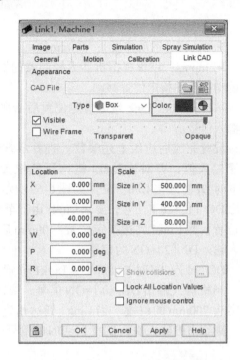

图 6-65 Link1 的 Link CAD 选项设置

在［General］选项卡中，Link1 的 General 选项设置如图 6-66 所示，设置轴原点（即虚拟电动机）位置和方向，改变电动机 Z 轴方向为 Link 的运动方向。虚拟电动机位置与方向如图 6-67 所示。注意不要勾选［Couple Link CAD］选项，否则 Link CAD 模型会随轴原点而改变位置与方向。设置完成后应用。

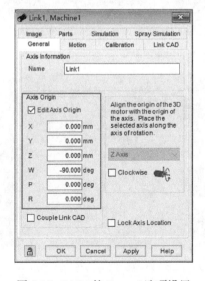

图 6-66 Link1 的 General 选项设置

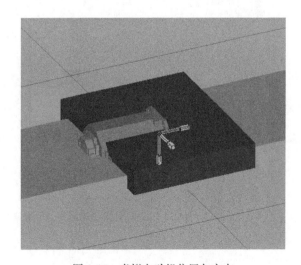

图 6-67 虚拟电动机位置与方向

在［Motion］选项卡中，设置如图 6-68 所示 5 个项目：

➤ Motion Control Type（运动控制方式）：Device I/O Controlled。

➤ Axis Type（轴类型）：直线运动。

➤ Speed（运动速度）：500mm/sec。

➤ Inputs：Link根据机器人控制器的输出信号以指定运动速度往指定位置移动。

➤ Outputs：Link到达指定位置后给机器人控制器的输入信号。

设置完成后应用上述参数。查看示教器数字输出/数字输入值，并对比Link1机构所处位置。DO［1］=OFF时DI输入与Link1位置如图6-69所示，当机器人输出DO［1］=OFF信号，要求Link1运行至滑台–700mm的位置。当Link1到达指定位置–700mm后，则给出机器人输入DI［2］=ON的信号。

DO［1］=ON时DI输入与Link1位置如图6-70所示，当机器人输出DO［1］=ON信号，要求Link1运行至滑台700mm的位置。当Link1到达指定位置700mm后，则给出机器人输入DI［1］=ON的信号。

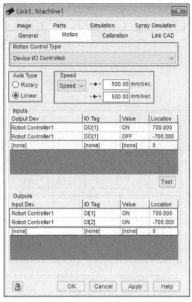

图6-68　Link1的Motion选项设置

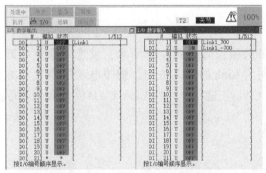
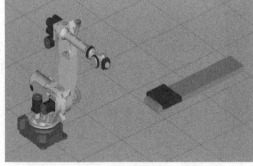

图6-69　DO［1］=OFF时DI输入与Link1位置

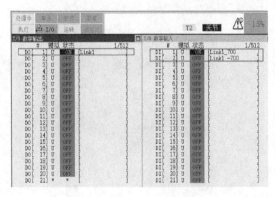
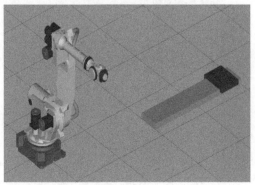

图6-70　DO［1］=ON时DI输入与Link1位置

## 6.5　任务四：抓取和摆放工件练习

完成一个抓取和摆放工件实例，实例包括以下三个部分：

> ➤ 一台带有工具的R-2000iC/165F机器人。
> ➤ 两个放置Part的Fixture。
> ➤ 机器人抓取Part从一个Fixture到另一个Fixture的仿真动作程序。

### 6.5.1　设置机器人属性

打开机器人属性对话框。通过打开 Cell Browser目录，选中目标机器人，单击鼠标右键，选择GP：1-R-2000iC/165F Properties（R-2000iC/165F 属性）。也可以直接双击窗口上的机器人来打开机器人属性界面。打开属性界面后，调整机器人在空间中的位置。为避免机器人的位置再被移动，勾选［Lock All Location Values］（锁定所有位置数据）选项，锁定机器人。机器人属性设置界面如图6-71所示。设置完成后应用，机座坐标系由绿色变成红色。机器坐标系指示如图6-72所示。

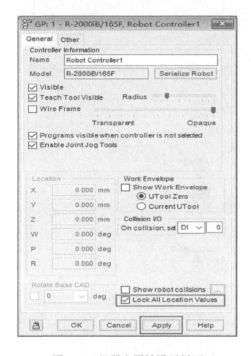

图6-71　机器人属性设置界面

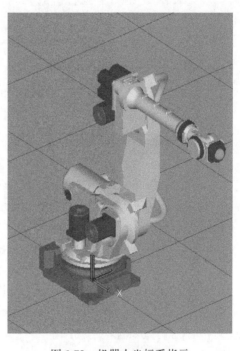

图6-72　机器人坐标系指示

### 6.5.2　添加工具和设置TCP

**1. 添加夹爪**

1）在 Cell Browser目录中，选中［UT：1（Eoat1）］，单击鼠标右键，选择［Eoat1 Properties］（末端工具1 属性）。Eoat1右键属性操作如图6-73所示，或者直接双击［UT：1（Eoat1）］，打开属性设置窗口。

2）在图6-74所示的Eoat1 Properties工具属性界面的［General］选项卡中，从软件自带的模型库里选择工具模型：36005f-200.IGS。添加夹爪模型界面如图6-75所示，单击［OK］按钮完成选择。

3）在工具属性界面，按［Apply］按钮确认后，夹爪工具出现在机器人手部末端。不正

图 6-73　Eoat1 右键属性操作

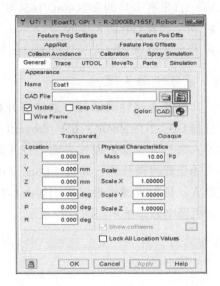

图 6-74　Eoat1　Properties 工具属性界面

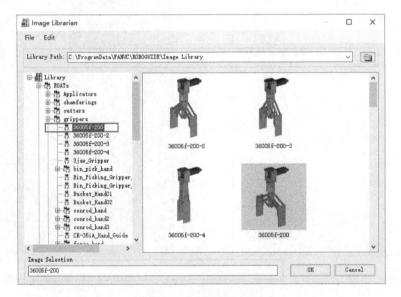

图 6-75　添加夹爪模型界面

确的夹爪安装如图 6-76 所示。夹爪工具没有在正确的位置时，需要通过修改工具的位置数据，使其与机器人有正确的位置关系。

4）在工具属性界面，如图 6-74 所示，修改位置数据 W=-90，应用后，工具就能正确安装在机器人法兰盘上。正确的夹爪安装如图 6-77 所示。

**2. TCP 设置**

在工具属性界面选择［UTOOL］（工具）选项卡，勾选［Edit UTOOL］（编辑工具坐标系），设置 TCP 位置。Eoat1 UTOOL 选项设置如图 6-78 所示。

TCP 设置可以采用以下两种方法：

方法一：使用鼠标，直接拖动画面中绿色工具坐标系，调整至合适位置。单击 Use

Current Triad Location（使用当前位置）按钮，软件会自动算出TCP的X、Y、Z、W、P、R值，单击［Apply］按钮确认。

　　方法二：直接输入工具坐标系偏移数据。X=0，Y=0，Z=850，W=0，P=0，R=0，单击［Apply］（应用）按钮确认。完成设置后可看到如图6-79所示TCP位置。

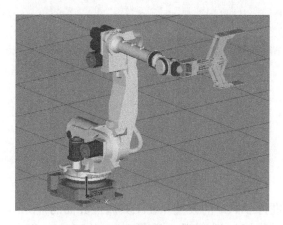

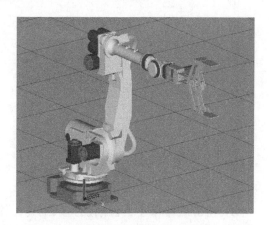

图6-76　不正确的夹爪安装　　　　　　　　　图6-77　正确的夹爪安装

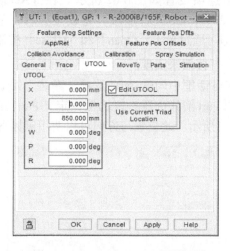

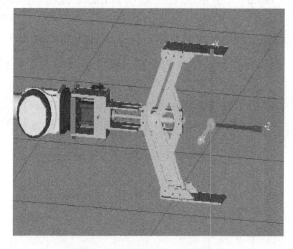

图6-78　Eoat1 UTOOL选项设置　　　　　　　图6-79　修改后的TCP位置

### 6.5.3　添加抓取和摆放的Part

　　1）在Cell Browser目录中，选中［Parts］，单击鼠标右键选择［Add Part］→［Box］。Add Part操作如图6-80所示。

　　2）在出现的Part1属性对话框中，输入Part1的大小参数：X=150，Y=150，Z=200，设置完成后单击［Apply］（应用）按钮确认。Part1参数设置如图6-81所示。

　　3）定义在工具上的Part方向。在做仿真时，经常需要模拟手爪的打开和闭合。在利用模型替代法来实现这个仿真功能时，必须事先准备两个相同的手爪模型，通过三维软件将其中一个模型置成打开状态，另一个模型置成闭合状态。在ROBOGUIDE软件中，内置一组有打开、闭合状态的夹爪模型，供用户仿真使用。

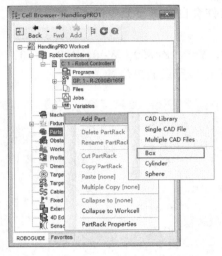

图 6-80　Add Part 操作

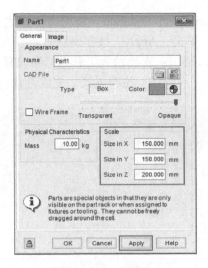

图 6-81　Part1 参数设置

① 在 6.5.2 小节中，已添加夹爪工具，并进行了 TCP 的设置。在工具属性界面的［Simulation］（仿真）选项卡中，在［Function］（功能）选项里，选择［Material Handling-Clamp］（手爪夹紧）选项。Eoat1 属性 Simulation 选项设置如图 6-82 所示。在［Actuated CAD］选项里，将关闭状态的工具模型：36005f-200-4.IGS 进行加载。完成设置后，单击［Apply］（应用）按钮后，工具加载到机器人上，即可通过单击［Open］和［Close］按钮模拟工具打开和闭合的功能，也可通过单击工具栏的 ⚙ 按钮来实现。

② 在工具属性界面选择［Parts］选项卡，在对话框中勾选 Part1 选项，单击［Apply］（应用）按钮确认。勾选［Edit Part Offset］（编辑 Part 偏移位置）复选框，定义 Part1 工具上的位置和方向。Eoat1 属性 Parts 选项设置如图 6-83 所示。此位置与方向可以使用鼠标直接

图 6-82　Eoat1 属性 Simulation 选项设置

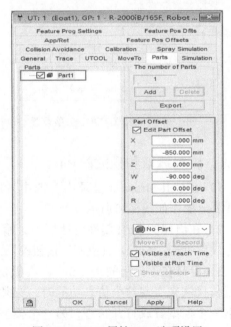

图 6-83　Eoat1 属性 Parts 选项设置

拖动画面中Part1上的坐标系，调整至合适位置，或者直接输入偏移数据，X=0，Y=-850，Z=0，W=-90，P=0，R=0，设置完成后单击［Apply］（应用）按钮确认。

仿真操作闭合Eoat1工具后，工件Part1在工具上的位置与方向如图6-84所示。

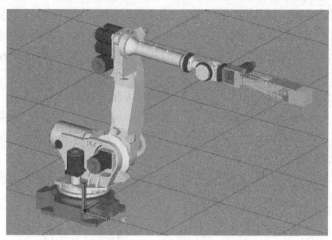

图6-84　闭合Eoat1工具

### 6.5.4　添加Fixture

1）打开Cell Browser→［Fixtures］→右键选择［Add Fixture］→［Box］，新建一个用于抓取的Fixture。抓取Fixture属性General选项设置如图6-85所示，在Fixture属性设置界面选择［General］选项卡，修改Fixture的名称，设置Fixture的位置与大小。设置完成后单击［Apply］（应用）按钮确认。

2）在Fixture属性设置界面，定义抓取Fixture上的Part参数。

① Pick Fixture属性Parts选项设置如图6-86所示，选择［Parts］选项卡，勾选［Part1］

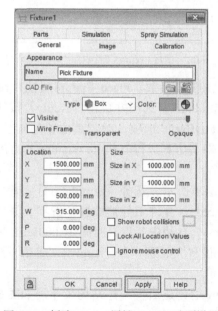

图6-85　抓取Fixture属性General选项设置

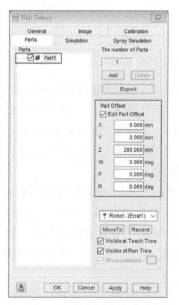

图6-86　Pick Fixture属性Parts选项设置

选项并单击［Apply］按钮确认，将Part关联至Pick Fixture上。勾选［Edit Part Offset］选项，确定其位置补偿数据，Z=200。

② Pick Fixture属性Simulation选项设置如图6-87所示，选择［Simulation］选项卡，定义Part1的仿真参数。勾选［Allow part to be picked］（允许工件被抓取）选项，说明这个Fixture是用于放置抓取的Part。修改［Create Delay］（新建延迟）时间为2.00sec。表明Part被抓取后2s，该Fixture上会生成一个新的Part。设置完成后单击［Apply］（应用）按钮确认。

3）打开Cell Browser→［Fixtures］→右键选择［Add Fixture］→［Box］，新建一个用于摆放的Fixture。摆放Fixture属性General选项设置如图6-88所示，在Fixture属性设置界面选择［General］选项卡，修改Fixture的名称、颜色，设置Fixture的位置与大小。设置完成后单击［Apply］（应用）按钮确认。

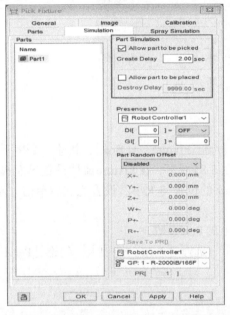

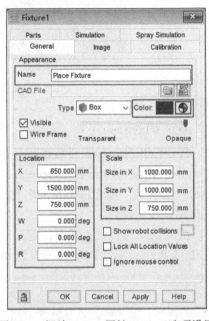

图6-87　Pick Fixture属性Simulation选项设置　　　图6-88　摆放Fixture属性General选项设置

① 在Fixture属性设置界面，定义摆放Fixture上的Part参数。Place Fixture属性Parts选项设置如图6-89所示，选择［Parts］选项卡，勾选［Part1］选项并单击［Apply］按钮确认，将Part关联至Place Fixture上。勾选［Edit Part Offset］选项，确定其位置补偿数据，Z=200。取消勾选的［Visible at Run Time］选项，即在仿真运行时Place Fixture上的Part1是不可见的。

② Place Fixture属性Simulation选项设置如图6-90所示，选择［Simulation］选项卡，定义Part1的仿真参数。勾选［Allow part to be placed］（允许工件被放置）选项，说明这个Fixture是用于放置摆放的Part。修改［Destroy Delay］（消失延迟）时间为2.00sec。表明Part被放置后2s，该Fixture上会生成一个新的Part。设置完成后单击［Apply］（应用）按钮确认。

经过上述步骤，完成Pick Fixture和Place Fixture的创建后，工作站场景布局如图6-91所示。

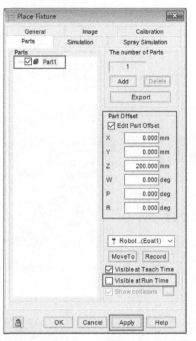

图 6-89 Place Fixture 属性 Parts 选项设置

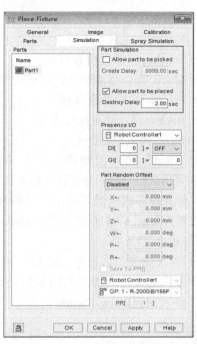

图 6-90 Place Fixture 属性 Simulation 选项设置

## 6.5.5 编程与测试

1）单击菜单［Teach］（示教）→［Add Simulation Program］（添加仿真程序）。Add Simulation Program 菜单操作如图 6-92 所示。

图 6-91 工作站场景布局

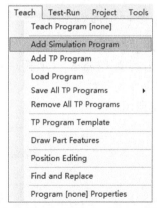

图 6-92 Add Simulation Program 菜单操作

2）在添加程序对话框中输入程序名：PICK，并单击［确定］按钮，仿真程序如图 6-93 所示。

3）仿真程序编辑器界面如图 6-94 所示。

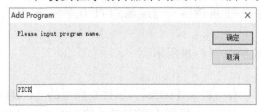

图 6-93 仿真程序 PICK 命名

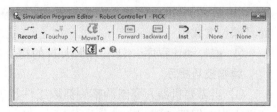

图 6-94 仿真程序编辑器界面

各功能指令如下：

➤ Record：生成动作指令。

➤ Touchup：修正位置数据。

➤ Move To：移动至已记录的位置点。

➤ Forward：顺序执行指令。

➤ Backward：逆序执行指令。

➤ Inst：插入控制指令。

在［Inst］插入控制指令中，有 Pickup 抓取仿真指令、Drop 放置仿真指令等。Inst 下拉菜单如图 6-95 所示。

在仿真程序编辑器界面中，选择插入 Pickup 指令，编辑抓取仿真程序如图 6-96 所示。使用 Eoat1 夹爪工具，从 Pick Fixture 上抓取 Part1 工件。

4）再次添加仿真程序，命名为 PLACE。选择插入 Drop 指令，并编辑摆放仿真程序如图 6-97 所示。把 Eoat1 夹爪工具上 Part1 工件放置到 Place Fixture 上。

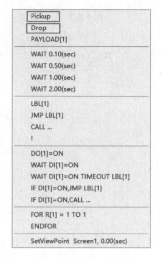

图 6-95　Inst 下拉菜单显示

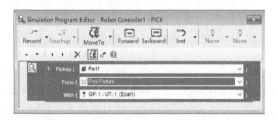

图 6-96　Pickup 指令编辑

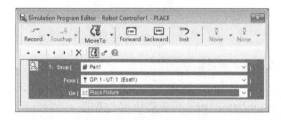

图 6-97　Drop 指令编辑

5）创建动作程序

① 单击菜单［Teach］（示教）→［Add TP Program］（添加 TP 程序）。

② 在添加程序对话框中输入程序名：MAIN，并单击［确定］按钮。TP 程序 MAIN 命名如图 6-98 所示。

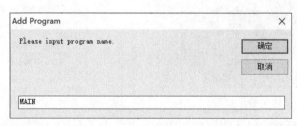

图 6-98　TP 程序 MAIN 命名

③ 进入 TP 示教器的程序编辑界面，出现虚拟 TP 示教器，与现场的 TP 几乎完全相同，而且操作方式也一致。

④ 编写动作程序。TP 程序 MAIN 的指令与说明如图 6-99 所示。

**编程技巧提示：**

① 当需要机器人姿态调整到抓取工件状态时，在［Pick Fixture］属性页面里的［Parts］选项卡中，勾选［Part1］选项后，单击［Move To］按钮，机器人姿态自动移至抓取工件位

置。机器人示教 Move To 操作如图 6-100 所示,机器人抓取位置如图 6-101 所示。这时,再通过 TP 示教器进行示教操作,准确完成工件抓取位置的示教。工件放置位置的示教亦可采用相同方法。

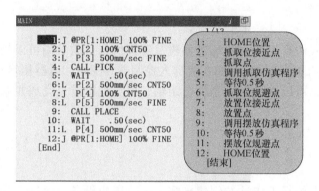

图 6-99　TP 程序 MAIN 的指令与说明

图 6-100　机器人示教 Move To 操作

② 接近点的位置示教可在抓取位置示教完成后进行。当机器人在抓取位置,将坐标系切换为工具坐标系,沿工具坐标系 –Z 方向移动机器人至适当距离,即可进行接近点的位置示教。

③ 规避点可与接近点选择同一位置。

6) 程序测试

① 完成程序编写后,单击工具栏的运行按键 ▶,运行程序,可以看到机器人执行抓取和摆放动作的仿真运动。运行程序后显示的 TCP 轨迹与示教位置点如图 6-102 所示。

图 6-101　机器人抓取位置

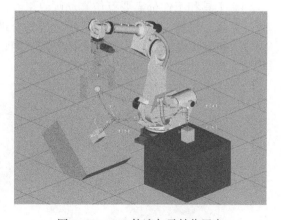

图 6-102　TCP 轨迹与示教位置点

② 查看程序运行简况。单击菜单 [Test-Run](测试运行)→[Profiler](分析)。程序运行时间分析如图 6-103,指令执行时间分析如图 6-104 所示,通过 [Summary]、

125

[Task Profile] 两个选项卡，可获悉程序的运行时间、每条指令的执行时间。通过分析，修改TP程序，实现机器人工作节拍的优化。

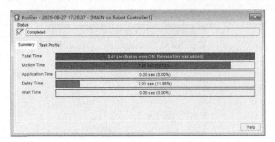

图6-103　程序运行时间分析

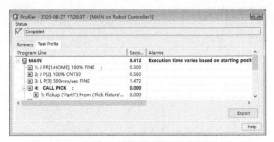

图6-104　指令执行时间分析

至此，就实现了用于搬运的机器人仿真工作站的场景创建及编程仿真。同学们可以仿照本章提供的操作过程，继续添加相应的周边设备，如：机器人控制器、围栏、电器柜等，这样与实际场景更一致。根据需要，也可以给机器人添加行走轴，以实现机器人完成复杂或大范围的工作任务。

## 6.6　思考与练习

（1）请下载本章素材，根据机器人仿真工作站的创建步骤，进行周边设备、机器人设备、附加轴以及工件的添加等工作的练习，熟练完成各类部件的添加和相关参数设置。

（2）按以下要求完成仿真

1）以"学生姓名首字母"创建工作站名：例如："张三"，则命名为ZS。

2）仿真布局参考如下：

① 机器人型号：R-2000iC/210f。

② 行走轴移动范围：4m（工作站中的其余部件和尺寸都由学生自定义）。

3）仿真开始和结束时，机器人都在HOME位置：J1=0°、J2=−30°、J3=0°、J4=0°、J5=−90°、J6=0°、E1=2000mm。

4）工具和工件都需要有仿真动画效果。

5）编写机器人抓取和放置程序，规划合理路线，设计过渡点。

6）机器人仿真动作，请参考流程图（图6-105）。

7）将完成的仿真动作，用视频记录。

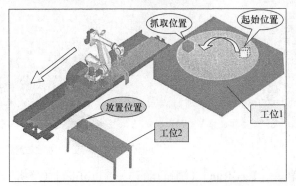

图6-105　机器人仿真动作流程图

第 **7** 章

Chapter

创建多功能机器人基础
练习仿真工作站

## 7.1 任务素材与任务介绍

完成本章任务所需的 Solidworks 素材以
及供参考的 ROBOGUIDE 素材请扫描图 7-1
和图 7-2 所示二维码获取。

基础工作站的组成如图 7-3 所示,由发那
科 LRMmate200iD/4S 六自由度串联关节式工
业机器人、iRVision 智能视觉检测系统、编程

图 7-1 SoildWorks 素材  图 7-2 ROBOGUIDE 素材

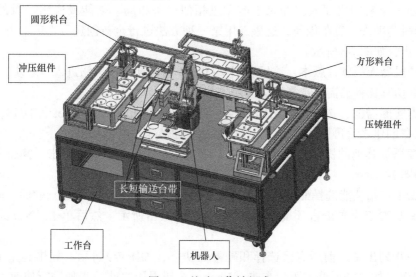

圆形料台

冲压组件

方形料台

压铸组件

长短输送台带

工作台

机器人

图 7-3 基础工作站组成

学习板、三菱PLC控制系统以及一套供料、输送、装配、仓储机构，可实现对工件进行分拣、检测、搬运、装配和存储等操作。本章的任务包括：①在ROBOGUIDE中搭建1∶1的基础仿真工作站；②模拟全自动冲压生产线，原料储料台供料，机器人抓取物料后放入冲压工位，加工完成后放入成品储料台。

## 7.2 任务一：创建Workcell

1）打开ROBOGUIDE软件后，单击界面上的新建按钮，在出现的界面中选择基本的搬运功能（Handling Cell），如图7-4所示。单击［Next］按钮进入下一步。

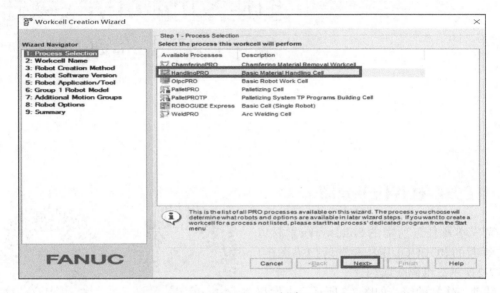

图7-4 Workcell创建1

2）在Name中输入仿真工作站的名称。之后单击［Next］按钮进入下一步。

3）创建一个新的机器人，如果之前做过相似设备布局、功能或应用场景的Workcell，则可以选择后两项进行复制创建，这里选用第一种方法进行全新创建，之后单击［Next］按钮进入下一步，如图7-5所示。

4）选择机器人的软件版本，这里选用V9.0，单击［Next］按钮进入下一步。

5）根据仿真任务的需要选择搬运应用，如图7-6所示。

6）根据实际需要，选择仿真用的机器人型号，这里选用LRMmate200iD/4S，如果选型错误，可以在创建之后再更改，单击［Next］按钮进入下一步。

7）继续添加其他的机器人或附加轴等，此工作站不需此功能，单击［Next］按钮进入下一步，如图7-7所示。

8）根据工作站功能选择配套软件，添加R796、R641、J500（码垛）软件。同时可切换到Languages选项卡设置语言环境，选择中文。如图7-8所示。然后单击［Next］按钮进入下一步。

9）这一步列出了之前所有已选择和配置的功能，如图7-9所示。如果确定无误，单击［Finish］按钮。如果需要修改可以单击［Back］按钮退回之前的步骤进行修改。这里单击

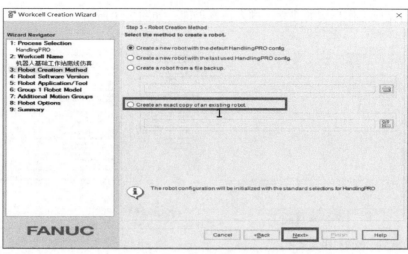

图 7-5　Workcell 创建 2

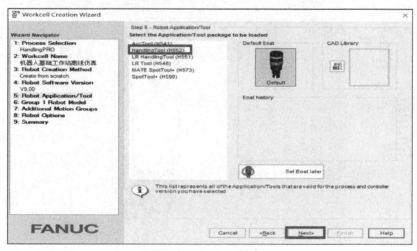

图 7-6　Workcell 创建 3

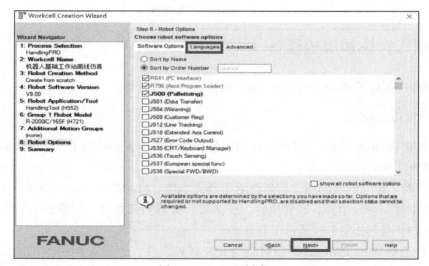

图 7-7　Workcell 创建 4

[Finish]按钮完成工作环境的建立，进入仿真界面，如图7-10所示。

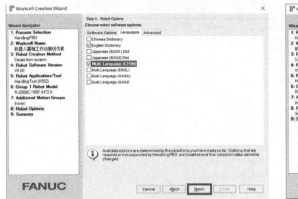
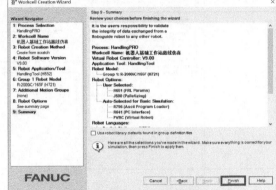

图7-8　Workcell创建5　　　　　　　　　　　图7-9　Workcell创建6

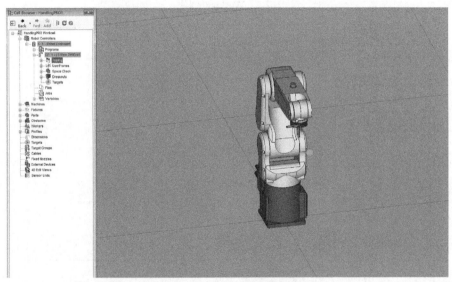

图7-10　Workcell创建完成

## 7.3　任务二：添加周边设备

通过任务一创建了Workcell之后，接下来需添加周边设备。

### 7.3.1　添加Obstacles

1）首先添加Obstacles（不进行仿真的设备）形式的设备，基础工作站的SoildWorks装配模型如图7-11所示。

2）先复制一份完整装配图，然后删除机器人本体、Machine、Parts、Fixtures形式的设备（机器人本体、冲压组件、压铸组件、长短带、方形料架组件、圆形料架组件、推料组件和工作台2），得到如图7-12所示工具台1。

3）将处理好的SoildWorks模型另存为IGS格式文件，为导入ROBOGUIDE软件做好准备。

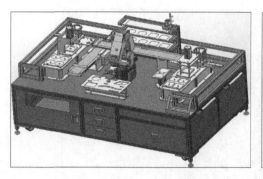

图 7-11 SoildWorks 装配模型

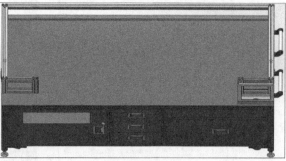

图 7-12 工具台 1

4）将 Obstacles 的 IGS 模型导入 ROBOGUIDE 软件。打开之前创建的 Workcell，在左侧目录中右击 Obstacles 选项，依次找到 Single CAD File，找到工具台 1 的 IGS 模型的存储位置，单击 [Apply]（应用）按钮添加。等待几分钟出现 Obstacles 属性框如图 7-13 所示。

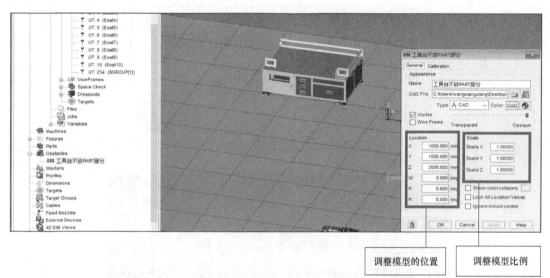

图 7-13 Obstacles 属性框

5）可根据需要对模型进行旋转、平移操作，调整到合适位置后单击应用按钮 [Apply]。之前是通过拖动坐标系调整位置，这里可以尝试一下修改参数的方式。Obstacles 导入完成如图 7-14 所示。

### 7.3.2 添加 Fixtures 部件

添加 Fixtures 部件：工作台 2 的导入步骤如下：

1）打开之前创建的 Workcell，在左侧目录中右击 Fixtures 选项，依次选择 Add Fixtures、Single CAD File，如图 7-15 所示。

2）在 IGS 素材文件夹中找到工具台 2 的 IGS 模型的存储位置，单击 [Apply]（应用）按钮添加。等待几分钟即可出现 Fixtures 属性框，如图 7-16 所示。

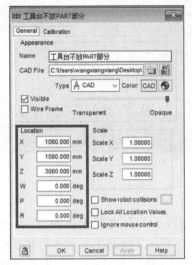
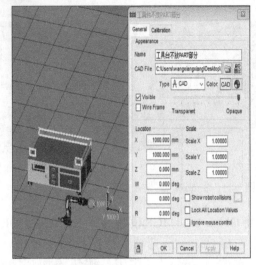

图 7-14　Obstacles 导入完成

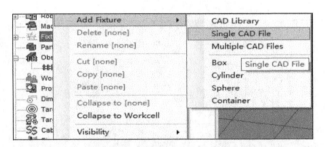

图 7-15　Fixtures 导入步骤一

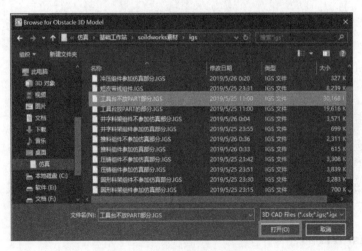

图 7-16　Fixtures 导入步骤二

3）根据需要，可对模型进行旋转、平移的操作，移到合适的位置后单击应用按钮〔Apply〕。之前是通过拖动坐标系调整位置，这里可以尝试以下修改参数的方式 Fixture 导入完成如图 7-17 所示。

4）根据工具台 2 中机器人底座位置，平移、旋转调试机器人的位姿状态，机器人摆放合理后单击［Apply］（应用）按钮。机器人摆放设置如图 7-18 所示。

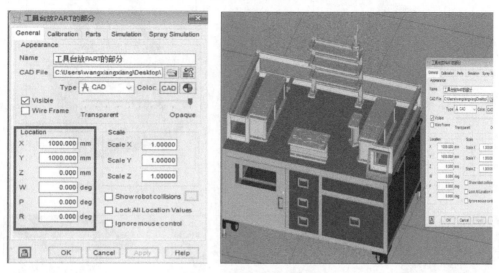

图 7-17　Fixtures 导入完成

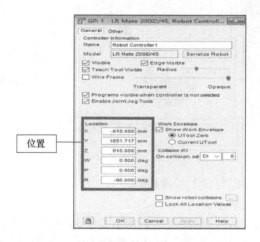

图 7-18　机器人摆放设置

### 7.3.3　添加 Machine 部件

完成了 Obstacles 设备和机器人的布局之后，下一步导入 Machine 部件（冲压组件、压铸组件、长短带、方形料架组件、圆形料架组件、推料组件）。

1）首先将所有运动组件进行拆解并保存为 IGS 格式文件。把每个运动组件拆解成运动部件和不运动部件，每个运动部件都要单独拆解。

以冲压组件为例：冲压组件在工作时通过气缸的上下移动来完成工作。而拆解的原则就是：将组件的运动部件与固定部件分开。详细步骤如下：

① 打开基础工作站 SoildWorks 的装配图，选中设计树中冲压组件，如图 7-19 所示。

② 将冲压组件之外的部件进行删除，如图 7-20 所示。

③ 在设计树上冲压组件的下拉菜单中选取固定部件进行拆解，得到运动部件和固定部件，如图 7-21 所示。

图 7-19　拆解步骤一

图 7-20　拆解步骤二

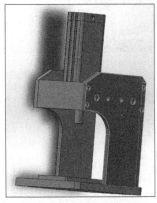 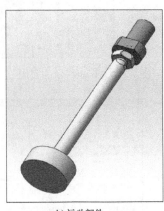 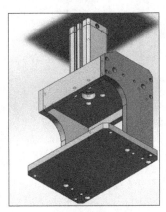

a) 冲压组件　　　　　　　　b) 运动部件　　　　　　　　c) 固定部件

图 7-21　拆解步骤三

其他组件的拆解步骤方式与以上步骤相同。

组件拆解效果如图 7-22 所示。

2）将以上部件的 SoildWorks 模型进行拆解以后，再将拆解出来的不需要运动的部分导入 ROBGUIDE 并进行位置设置和布局。以冲压组件为例，其他设备的添加过程完全一致。

① 在左侧列表中单击 Machine 选项。

② 选择 Add Machine。

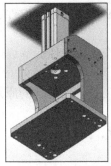 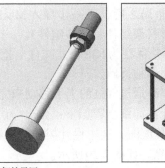 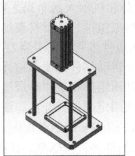

a) 冲压组件拆解效果图　　　　　　　　　b) 压铸组件拆解效果图

图 7-22　运动组件拆解效果

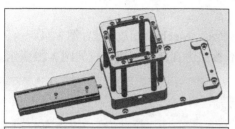
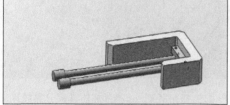

c) 方形料架组件拆解效果图

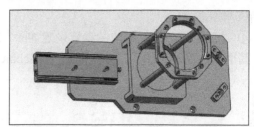
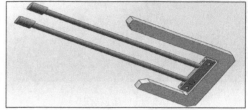

d) 圆形料架组件拆解效果图

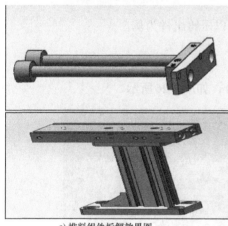

e) 推料组件拆解效果图

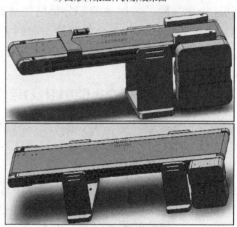

f) 长短传输带拆解效果图

图 7-22　运动组件拆解效果（续）

③ 选择 CAD File 选项如图 7-23 所示，选择冲压组件的固定部分 IGS 文件，单击〔Apply〕

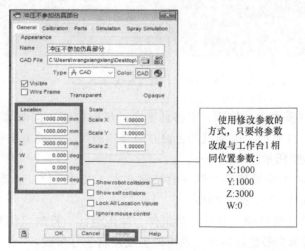

图 7-23　Machine 的位置参数设定

135

（应用）按钮添加。

④ 冲压组件的位置模块的参数设置如图7-23所示，Machine摆放完成如图7-24所示。其他部件也按照此步骤——添加。Machine不参加仿真部件摆放完成如图7-25所示。

图7-24　Machine摆放完成

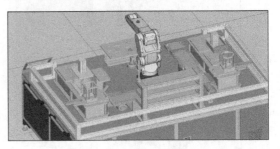

图7-25　Machine不参加仿真部分摆放完成

到这为止，除了要运动的部分都已完成布局。

3）接下去添加每一个设备的运动部件，这里以压铸组件为例。

① 在左侧列表中右键单击压铸Machine设备。

② 选择Add Link。

③ 单击CAD File，选择压铸组件的运动部分，如图7-26所示。

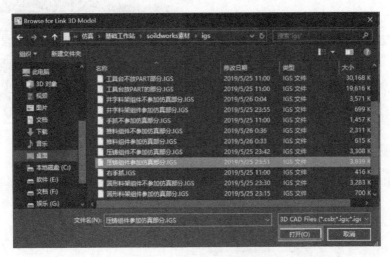

图7-26　压铸电动机添加

④ 在Link CAD模块中，旋转、平移调整电动机的位姿，同时取消勾选［CoupleLink CAD］选项，如图7-27所示，电动机的Z轴方向与压铸气缸运动方向保持一致。压铸电动机位置效果图如图7-28所示。

⑤ 在Motion选项卡中设置运动部件的控制方式（I/O控制），运动形式（平移）、参数等。压铸信号设定如图7-29、图7-30所示。

其他设备（圆形料架组件、方形料架组件、冲压组件、推料组件）按照相同的步骤进行设定，如图7-31所示为各组件运动电动机位姿及控制信号参数。

到此，就完成了相关周围设备的添加和相关参数的设定。

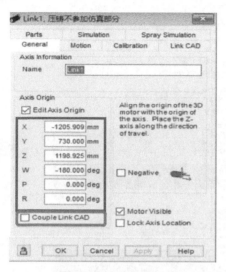

图 7-27 电动机添加

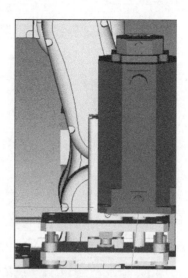

图 7-28 压铸电动机位置效果图

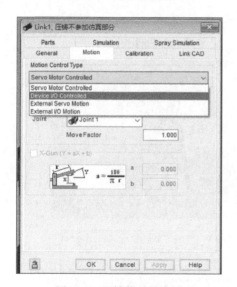

图 7-29 压铸信号设定一

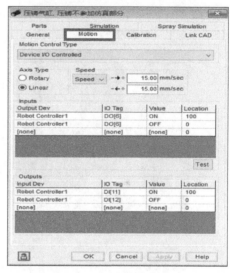

图 7-30 压铸信号设定二

137

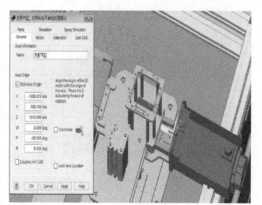

图 7-31 各组件运动电动机位姿及控制信号参数

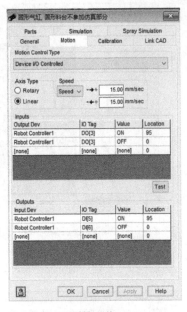

a) 圆形料架组件

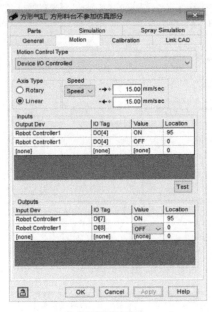

b) 方形料架组件

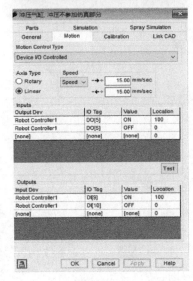

c) 冲压组件

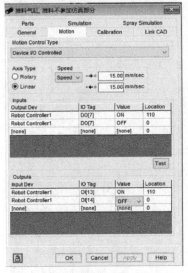

d) 推料组件

图7-31　各组件运动电动机位姿及控制信号参数（续）

## 7.4　任务三：机器人相关设备添加

任务三主要讲解搬运手爪的添加和相关参数设置。在前面搬运案例的章节中介绍过一种手爪张开、闭合的添加方法，为了更加贴近实际，这里介绍另一种添加方式，将手爪先进行拆解，手爪拆解效果图如图7-32所示。

图7-32　手爪拆解效果图

### 7.4.1　添加手爪本体

1）双击左侧列表（Tooling）下的UT：1（Eout1），出现工具属性框，如图7-33所示。

2）在工具目录中选择手爪本体.IGS文件打开，如图7-34所示。

3）手爪本体的安装如图7-35、图7-36所示。

### 7.4.2　添加左、右手爪

以添加右手爪为例，步骤如下：

1）双击左侧工具列表（Tooling）下的UT：1（Eout1）；

2）依次选择 Add Link、CAD File。

3）选择右手爪.IGS文件打开。

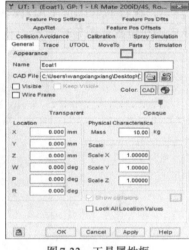

图7-33　工具属性框

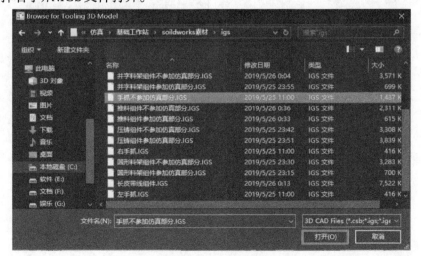

图7-34　工具目录

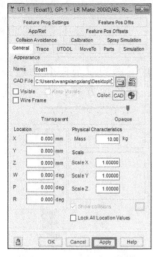

图7-35 工具手爪安装

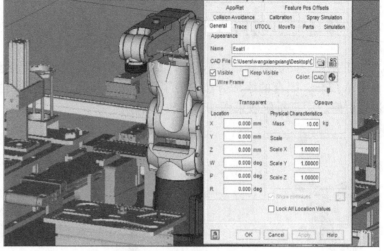

图7-36 手爪本体安装完成

4）在右手爪Link CAD模块中调试电动机位置，保证Z轴与手爪平移方向一致。右手爪电动机位置如图7-37所示，右手爪电动机位置参数如图7-38所示。

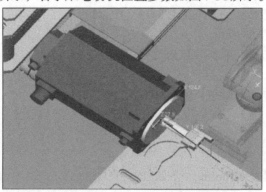

图7-37 右手爪电动机位置

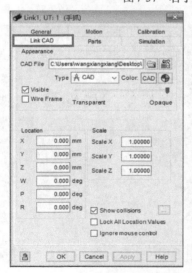
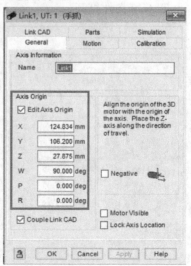

图7-38 右手爪电动机位置参数

5）在Motion模块中设置右手爪驱动电动机位置如图7-39所示，其控制方式、运动形式及运动参数如图7-40所示。

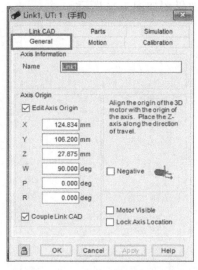

图7-39　右手爪电动机信号属性框

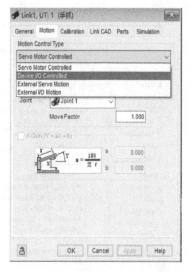

图7-40　右手爪电动机属性参数设定

右手爪电动机信号属性参数的设定（运动方式、速度、输出、输入信号设定）如图7-41所示。完成了初步的设定后，参数在编程过程中可根据需要修改，左手爪添加与此相同。左手爪电动机相关属性如图7-42所示。

手爪安装完成效果图如图7-43所示。

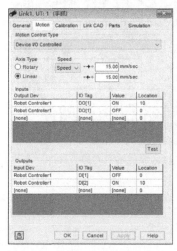

图7-41　右手爪电动机信号属性参数设定

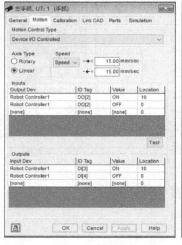

图7-42　左手爪电动机信号参数

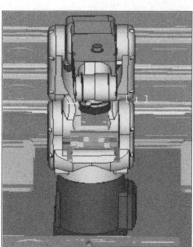

图7-43　手爪安装完成效果图

到此为止完成了相关的布局，之后进行Parts工件的添加。

### 7.4.3　添加Parts工件

需添加的Parts包括：方形零件、圆形零件，导入步骤如下：

1）在左侧列表中单击Part模块，选择Add Part、Single CAD File。

2）选择打开方形零件.IGS文件。方形零件目录如图7-44所示。

方形零件效果图如图7-45所示。

圆形零件同以上步骤导入。工作站完成基本布局效果图如图7-46所示。

图7-44　方形零件目录

图7-45　方形零件效果图

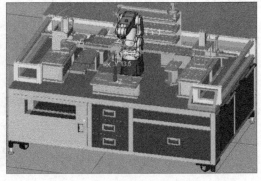

图7-46　工作站完成基本布局效果图

## 7.5　任务四：抓取和摆放工件设置

### 7.5.1　添加被抓取工件

被抓取工件只能被抓取，以圆形零件为例进行设置，步骤如下：

1）双击左侧列表中需要添加工件设备（圆形气缸），如图7-47所示。

图7-47　抓取工件摆放步骤一

2）在［Parts］选项卡中选择圆形零件，勾选［Edit Part Offset］选项。调试抓取工件位姿属性，如图7-48所示。抓取工件摆放位置效果图如图7-49所示。

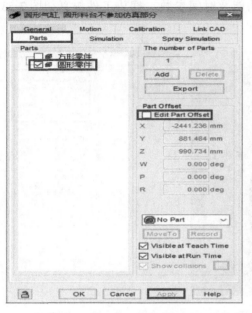

图7-48　抓取工件摆放步骤二

图7-49　抓取工件摆放位置效果图

3）在［Simulation］选项卡中根据工件仿真需求选择抓取\摆放功能，勾选［Allow part to be picked］选项和［Allow part to be piaced］选项并设置仿真时间如图7-50所示。

根据工件的用途打勾，被抓取的在第一个选项打勾，摆放的在第二个选项打勾，根据编程时间的需要设置时间

图7-50　抓取工件摆放步骤三

## 7.5.2　添加被摆放工件

被摆放工件（冲压、压铸、传输带）设置步骤如下：

1）双击左侧列表中需要添加工件的设备，如冲压组件的固定部分（冲压不参加仿真部分）。

2）在Parts选项卡中选取需添加的工件，调试其位姿，如图7-51所示。摆放工件位置效果图如图7-52所示。

3）在Simulation模块中设置摆放工件仿真功能及时间参数。摆放工件仿真如图7-53所示。

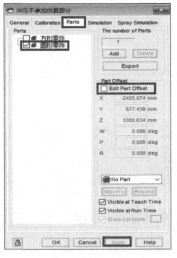

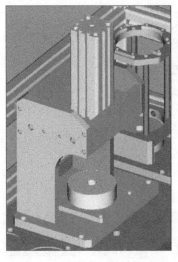

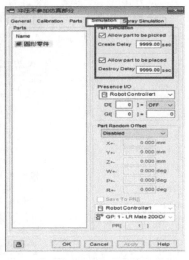

图7-51　摆放工件　　　　图7-52　摆放工件位置效果图　　　　图7-53　摆放工件仿真

### 7.5.3　添加手爪处工件

手爪仿真设置步骤如下：

1）双击左侧列表的手爪。

2）在Parts选项卡中进行手爪工件位姿调试，如图7-54所示，最终效果如图7-55所示。

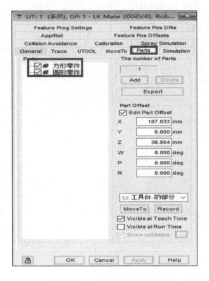

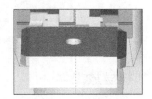

图7-54　手爪工件添加　　　　　　　　图7-55　手爪工件效果图

至此工作站所需的工件添加完毕。

## 7.6 任务五：搬运功能仿真程序及测试

搬运仿真程序分两部分：运动仿真程序、TP程序，程序分配见表7-1、信号分配见表7-2。

表7-1 程序分配

| 程序名 | 功能 | 属性 |
|---|---|---|
| HOME | 回HOME点 | TP程序 |
| MAIN | 主程序 | TP程序 |
| SZ_KAI | 控制手爪开 | TP程序 |
| SZ_GUAN | 控制手爪关 | TP程序 |
| YXLT_pick | 圆形零件退料与抓取 | TP程序 |
| CY | 冲压 | TP程序 |
| YZ | 压铸 | TP程序 |
| FXLT_pick | 方形零件推料与抓取 | TP程序 |
| GJTY_drop | 工具台圆形零件摆放 | TP程序 |
| GJTF_drop | 工具台方形零件摆放 | TP程序 |
| YXLT_ZHUA | 圆形料架抓取动画 | 动画仿真程序 |
| CY_FANG | 冲压零件摆放动画 | 动画仿真程序 |
| CY_ZHUA | 冲压零件抓取动画 | 动画仿真程序 |
| YZ_FANG | 压铸零件摆放动画 | 动画仿真程序 |
| YZ_ZHUA | 压铸零件抓取动画 | 动画仿真程序 |
| FXLT_ZHUA | 方形料架抓取动画 | 动画仿真程序 |
| GJTY_FANG | 工具台圆形零件摆放动画 | 动画仿真程序 |
| GJTF_FANG | 工具台方形零件摆放动画 | 动画仿真程序 |

表7-2 信号分配

| 信号 | 作用 | 属性 |
|---|---|---|
| D[1] | 手爪 | 数字输出 |
| D[3] | 圆形零件推料 | 数字输出 |
| D[4] | 方形零件推料 | 数字输出 |
| D[5] | 冲压 | 数字输出 |
| D[6] | 压铸 | 数字输出 |
| D[7] | 推料 | 数字输出 |
| D[8] | 长传输带 | 数字输出 |
| D[9] | 短传输带 | 数字输出 |
| DI[1] | 手爪打开信号 | 数字输入 |
| DI[3] | 手爪关闭信号 | 数字输入 |
| DI[5] | 圆形零件推料完成 | 数字输入 |
| DI[6] | 圆形零件推料复位 | 数字输入 |
| DI[7] | 方形零件推料完成 | 数字输入 |
| DI[8] | 方形零件推料复位 | 数字输入 |
| DI[9] | 冲压完成 | 数字输入 |

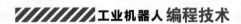

(续)

| 信号 | 作用 | 属性 |
|---|---|---|
| DI[10] | 冲压复位 | 数字输入 |
| DI[11] | 压铸完成 | 数字输入 |
| DI[12] | 压铸复位 | 数字输入 |
| DI[13] | 推料完成 | 数字输入 |
| DI[14] | 推料复位 | 数字输入 |

**1. 仿真动画程序**

以冲压组件的工件的抓取、摆放动画程序为例，步骤如下：

1）右键单击左侧列表的 Program 选项，单击 Add Simulation Program，如图 7-56 所示。

2）命名动画仿真程序。

3）选择动画命令（Pickup：抓取；Drop：摆放），如图 7-57 所示。

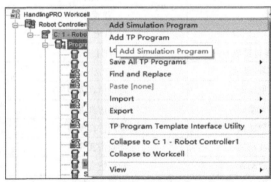

图 7-56　抓取仿真程序创建一　　　　　　图 7-57　抓取仿真程序创建二

4）设置抓取动画的相关参数如图 7-58、图 7-59 所示。

图 7-58　抓取仿真程序创建三

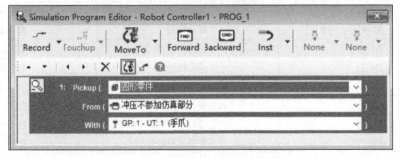

图 7-59　抓取仿真程序创建四

摆放动画仿真程序需要改变设置摆放动画的相关参数，如图7-60、图7-61所示。

图7-60 摆放仿真程序创建一

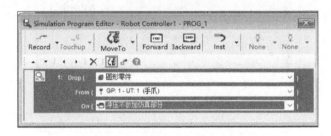

图7-61 摆放仿真程序创建二

按照相同的步骤设置其他动画仿真程序。

### 2. TP程序

TP部分程序如下（与实际编写相同，唯一区别是需要在工件的摆放、抓取工序处添加相对应的动画仿真程序），以圆形料架抓取为例，TP程序如图7-62所示，主程序如图7-63所示。

```
1:J  P[1] 100% FINE
2:   DO[3:圆形推料]=ON
3:   WAIT DI[5:圆形推料完成]=ON
4:L  P[2] 4000mm/sec FINE
5:   CALL YXLT_ZHUA
6:   CALL SZ_GUAN
7:   DO[3:圆形推料]=OFF
8:L  P[3] 4000mm/sec FINE
9:J  P[4] 100% FINE
[End]
```

图7-62 圆形料架抓取程序

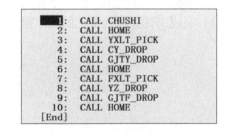

```
1:   CALL CHUSHI
2:   CALL HOME
3:   CALL YXLT_PICK
4:   CALL CY_DROP
5:   CALL GJTY_DROP
6:   CALL HOME
7:   CALL FXLT_PICK
8:   CALL YZ_DROP
9:   CALL GJTF_DROP
10:  CALL HOME
[End]
```

图7-63 主程序

经过单步运行的测试之后，现在就来进行软件中的自动运行的测试。首先单击 🔦 按钮，打开TP，再单击 按钮打开仿真界面，进行如下布局：

在运行过程中通过TP可以检测程序运行到哪一步了，并且实时地检测机器人的一个运行中的状态。仿真测试界面包含了仿真程序测试时用到的各种操作和设定。仿真测试属性框如图7-64所示。

如果运行过程中指令发生错误时，可以返回重新编写。至此，完成了弧焊机器人工作站的仿真。

147

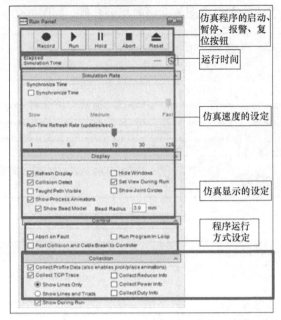

图 7-64 仿真测试属性框

## 7.7 思考与练习

（1）根据提供的 SoildWorks 装配图素材（按图 7-1 所示方法获得）和所学知识，对装配图进行拆解，并建立基础仿真工作站（ROBOGUIDE 素材如图 7-2 所示方法获得）。

（2）参照压铸组件的拆解导入方式，完成其他组件的拆解导入及其电动机参数的设置。

（3）改变程序调用顺序，先完成方形零件加工后进行圆形零件加工。

（4）添加不同工位的工件抓取摆放动画（如改变 Parts 的属性、仿真动画程序参数等）。

（5）完成工件在输送带上的抓取摆放动画。

# 第 **8** 章

## hapter

## 创建弧焊机器人 仿真工作站

## 8.1 任务素材及任务介绍

完成本章任务所需的 SolidWorks 三维素材以及供参考的 ROBOGUIDE 素材请扫描图 8-1 和图 8-2 所示二维码获取。

本章弧焊机器人工作站由 M10iA/12 机器人本体、TIG3000 焊接电源、TBI 焊枪、L 型伺服变位机、柔性工作台、夹具等组成。工作站组成如图 8-3 所示。工作站主要功能是通过变位机与机器人协调控制来实现曲面零件，如圆形零件与方形零件的焊接作业。通过变位机实现物料工位的变化，在变位机零位时

图 8-1 SoildWorks 素材 图 8-2 ROBOGUIDE 素材

进行圆形零件的焊接，变位机转动 90° 后进行方形零件的焊接。机器人焊接仿真是 ROBOGUIDE

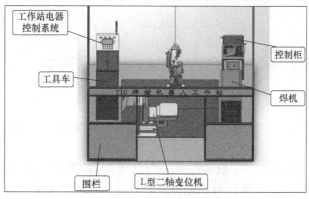

图 8-3 工作站组成

中 WeldPRO 模块的一种典型应用，本章将通过 Workcell 的创建、周边设备添加、机器人设备添加、X 轴、Z 轴电动机添加以及弧焊仿真编程五个任务来实现弧焊机器人离线仿真。

## 8.2 任务一：创建 Workcell

本任务通过十二步法来创建 Workcell：

1）打开 ROBOGUIDE 界面后单击新建按钮［New Cell］，如图 8-4 所示。

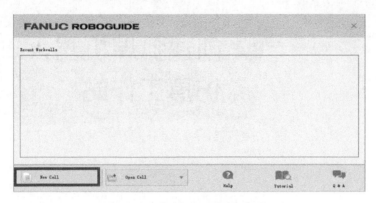

图 8-4　Workcell 创建第一步

2）单击新建按钮后，在打开的界面中选择需要进行仿真的焊接模块（如图中方框所示），确定后单击［Next］按钮进入下一个步骤，如图 8-5 所示。

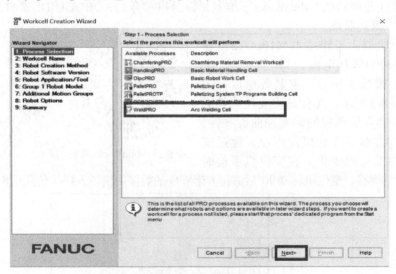

图 8-5　Workcell 创建第二步

3）确定仿真的命名，即在 Name 中输入自己需要的仿真名字。命名完成后单击［Next］按钮进入下一步。

4）创建一个新的机器人（一般选择第一个选项），如果之前做过相似设备布局、功能或应用场景的 Workcell 可以选择后两项进行复制创建，这里选用第一个选项进行全新创建，完成后单击［Next］按钮进入下一个界面，如图 8-6 所示。

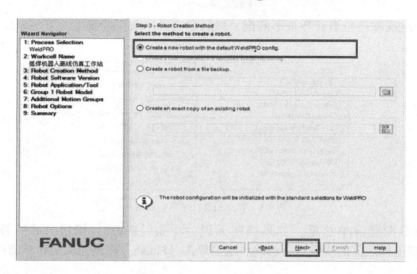

图 8-6 Workcell 创建第四步

5）选择需要安装在机器人控制器上的软件版本，这里选用 V9.0 版本，单击［Next］按钮进入下一界面。

6）根据需要选择弧焊应用，这里选择 H741，然后单击［Next］按钮进入下一个选择界面。

7）选择对应的机器人型号，软件中几乎包含了所有的机器人类型，如果选型错误，可以在创建之后再更改，这里选用 M10iA/12，单击［Next］按钮进入下一个界面。

8）继续添加额外的机器人或附加轴，本任务无此功能，单击［Next］按钮进入下一界面，如图 8-7 所示。

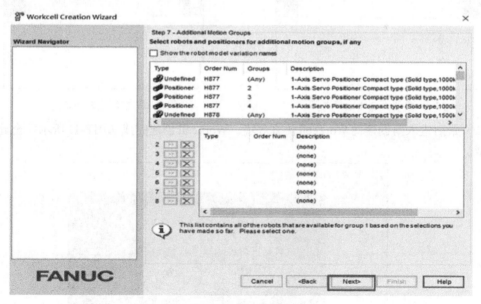

图 8-7 Workcell 创建第八步

9）根据需要选择应用软件，本任务用到的 R796、R641、R715 应用，可在这一步添加。同时可切换到 Languages 选项卡以设置仿真用语言环境，默认为英语。中文环境需选第五个，否则会出现软件与语言环境不匹配。然后单击［Next］按钮进入下一界面，如图8-8所示。

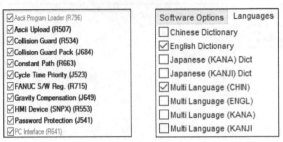

图8-8　Workcell创建第九步

10）查看配置清单总览，如果确定无误，单击［Finish］按钮，如需修改可单击［Back］按钮退回之前的步骤进行修改。这里单击［Finish］按钮完成工作环境的建立，进入仿真环境。

11）进入机器人控制系统自动配置后，一般按照默认值进行配置，也可以按照实际情况进行配置。如图8-9对机器人的底座型号、J1、J5、J6 的转动角度进行了配置（根据工作站的工作范围进行配置）。机器人底座型号、转动角度选择如图8-9、图8-10所示。

图8-9　机器人底座型号选择

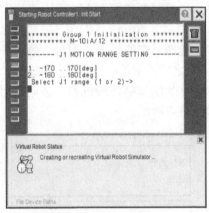

图8-10　机器人转动角度选择

12）最后进入新创建的Workcell仿真环境。Workcell创建完成如图8-11所示。至此任务一完成。

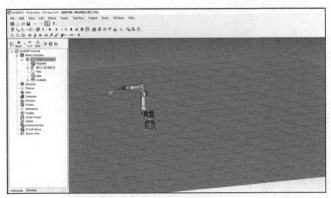

图8-11　Workcell创建完成

## 8.3 任务二：添加周边设备

周边设备有多种类型，本任务以添加 Obstacles（无动作的设备）形式的设备为例进行讲解。首先设计好一个完整焊接工作站的 3D 图，本任务所用的 TIG 焊接机器人工作站的 SoildWorks 装配效果图如图 8-12 所示。

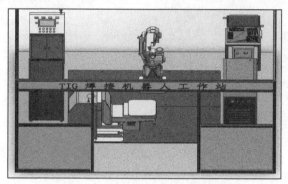

图 8-12 完整的 SoildWorks 装配效果图

首先，删除机器人本体、Machine（L 形二轴变位机）和 Part 形式的设备（需要焊接的工件），得到 Obstacles。Obstacles 的 SoildWorks 图如图 8-13 所示。

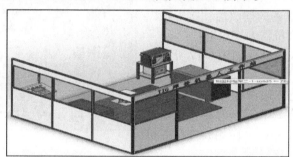

图 8-13 Obstacles 的 SoildWorks 图

之后，将处理好的 SoildWorks 模型另存为 IGS 文件格式，为导入到 ROBOGUIDE 做好准备。

然后，按以下步骤进行 ROBOGUIDE 模型导入操作：

1）打开之前创建的 Workcell。

2）单击 Obstacles 图标。

3）依次单击 [Add Obstacle]→[Single CAD File]，如图 8-14 所示。

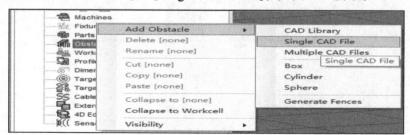

图 8-14 Obstacles 导入

4）找到SoildWorks模型的存储位置后打开。

系统会根据模型的大小进行加载，等待几分钟就可出现Obstacles属性框，如图8-15所示。

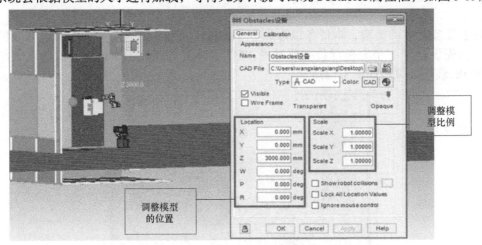

图8-15　Obstacles导入图

5）根据布局设计对模型进行旋转、平移等操作，放到一个合适的位置后单击应用按钮［Apply］。Obstacles导入效果图如图8-16所示。

在完成Obstacles设备的摆放后，接着按以下步骤把机器人摆放到机器人底座上：

1）单击机器人本体出现如图8-17所示机器人属性框。

2）机器人底座上有四个定位孔可以给操作者提供基准，通过平移、旋转等操作将机器人摆放合理后单击［Apply］（应用）按钮。机器人摆放效果图如图8-18所示。

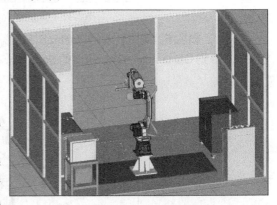

图8-16　Obstacles导入效果图

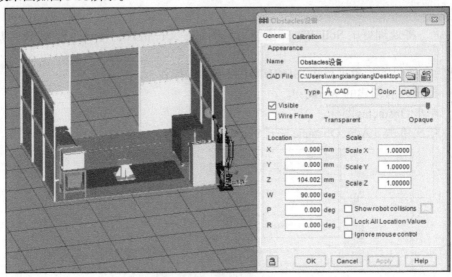

图8-17　机器人属性框

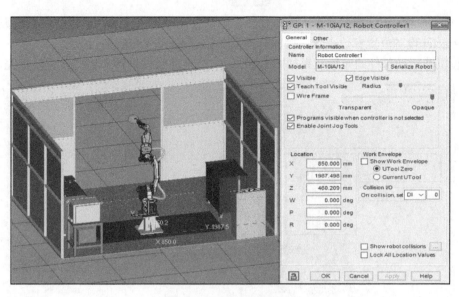

图 8-18　机器人摆放效果图

在完成布局后，就可以进行变位机的导入与设置。需要注意的是，要在之前的装配体中将变位机拆解出来，保证 Obstacles 设备与变位机的坐标系相同，以便在后面的导入中，只要保证各设备属性框中位置模块的信息相同，它们就会自动按照之前装配体的位置关系进行装配，这样会节省很多时间。

完成了 Obstacles 设备和机器人的布局之后，下一步就是进行 Machine 设备（L 形二轴变位机）的导入。L 形二轴变位机通过两个电动机驱动，所以要将电动机驱动的部分先进行处理。变位机拆解效果图如图 8-19 所示。

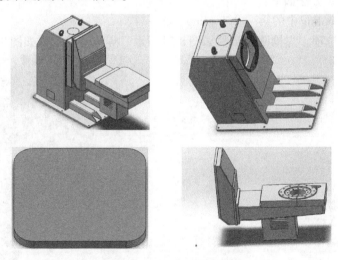

图 8-19　变位机拆解效果图

变位机进行以上处理后，都保存为 IGS 格式的文件。Machine 模型的导入分为两部分，首先将不运动的部件导入：

1）右键单击 Machines 图标。

2）选择 Add Machine。

3）单击CAD File后方图标，找到文件存储位置，最后通过属性框将位置模块数值调整成与Obstacles设备位置参数一致，摆放合适后单击［Apply］（应用）按钮。

变位机非运动部件的布置效果如图8-20所示，至此弧焊机器人周边设备添加完成。

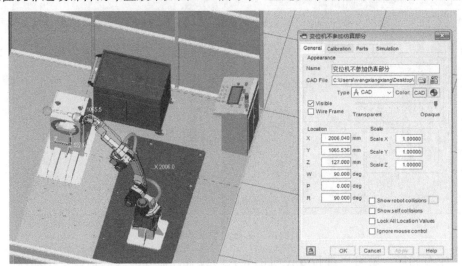

图8-20 变位机非运动部件的布置效果

## 8.4 任务三：添加弧焊机器人相关设备

本任务主要进行焊枪的添加。在创建Workcell过程中，系统会自动推荐配置一把焊枪。但为了与实际焊枪保持一致，需将实际焊枪的3D模型从外部导入仿真工作站，为此需先清除系统推荐的焊枪，方法如下：

1）右键单击Tooling中的第一个Tooling，UT：1。

2）选择Clear选项。焊枪清除步骤如图8-21所示。焊枪清除效果如图8-22所示。

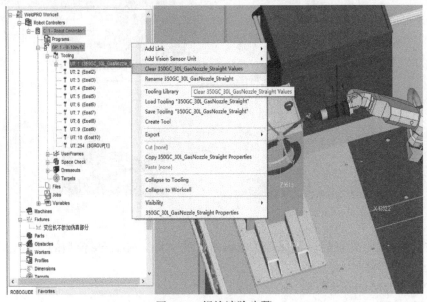

图8-21 焊枪清除步骤

图 8-22 焊枪清除效果

接下去导入实际使用的外部焊枪模型，步骤如下：

1）双击 UT：1，弹出焊枪的属性框。

2）选择焊枪模型存储目录，通过位置模块进行位置调整。

当焊枪法兰与机器人法兰存在位置偏差时，可通过调整焊枪姿态，来减少位置偏差。如果要确保位置完全匹配，在导入焊枪前，可在焊枪法兰盘位置建立一个与仿真机器人法兰盘处相同的坐标，这样导入时焊枪就能直接装配上去。焊枪安装完成后效果如图 8-23 所示。

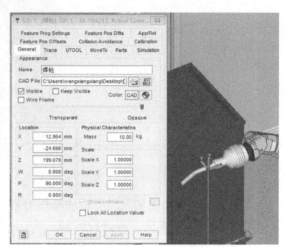

图 8-23 焊枪安装完成后效果

在实际应用中机器人的 TCP 设定需要通过三点法、六点法等方式进行标定，但在 ROBOGUIDE 软件里可以通过平移 TCP 点完成设定。

1）首先选择 UTOOL 选项卡。

2）勾选 Edit UTOOL 选项。

3）平移绿色的坐标系到想要的位置。

4）单击 Use Current Traid Location 更新 TCP 点位置。

## 8.5 任务四：添加弧焊 X 轴、Z 轴的电动机

本工作站采用由外部电动机驱动的 L 形二轴变位机，由 DO 信号进行电动机的驱动控制，所以需要对其转动部分进行电动机添加。为此，需先准备好变位机的 X 轴、Z 轴的 IGS 格式的文件，再进行如下操作：

1）首先右键单击 Machines 图标。

2）依次单击 ［Add Link］→［CAD File］，找到变位机 X 轴、Z 轴的 IGS 格式文件位置。

本任务中添加到仿真工作站中的不同部件是由同一个 SoildWorks 文件中拆解得来，所以

不运动部分和Z轴能实现自动精确匹配安装。如果来自不同的文件，可能存在位置不匹配情况，可通过平移、旋转来修正。

需要注意的是：修改参数时，电动机和Z轴是一起发生变化的，如果想只改变电动机的姿态，需将［Couple Link CAD］复选框前的勾去掉后再进行姿态调整，步骤如下：

1）勾选［Edit Axis Origin］复选框。

2）通过更改坐标值调整电动机位置。

3）调整完成后勾选［Lock Axis Location］复选框锁定位置。

电动机导入完成后的效果图如图8-24所示。

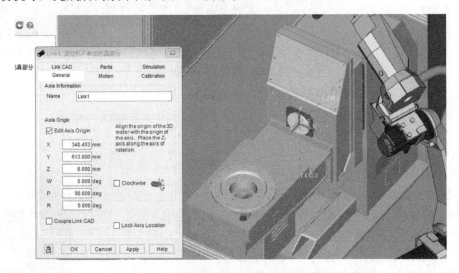

图8-24  电动机导入完成后的效果图

需要注意的是，Z轴是以不运动部件为基准定位的，需确保Z轴的旋转中心与电动机的Z轴重合。导入完成后，需进行运动方式、控制方式的设置，步骤如下：

1）在属性框中选择Motion选项卡，之后对电动机进行具体设置，如图8-25所示。

2）在电动机设置界面，选择I/O信号控制方式。

3）选择运动模式。

4）信号设置：①选择输出设备，选弧焊机器人控制柜；②DO信号的分配；③设置转动位置，如图8-26所示。

本任务将用到变位机零位和90°位的姿态，所以在位置栏中设置了0°和−90°。信号参数设定步骤如图8-27所示。

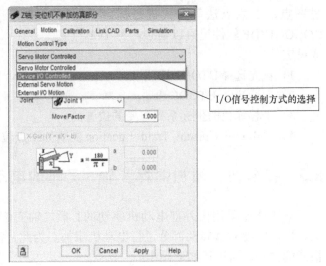

图8-25  电动机设定

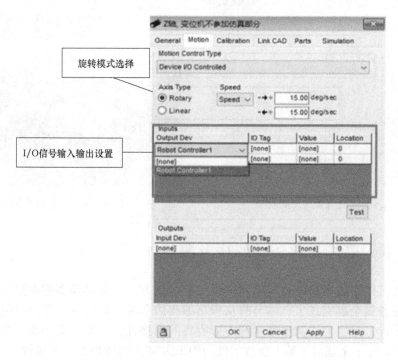

图 8-26　信号设置

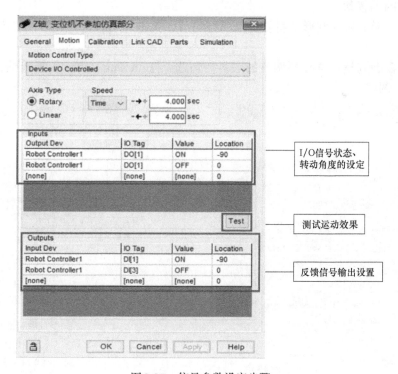

图 8-27　信号参数设定步骤

完成Z轴之后，采用同样的步骤进行X轴的设置。X轴电动机摆放完成效果如图8-28所示。到此就完成了仿真编程前的所有任务。仿真工作站布局效果如图8-29所示。

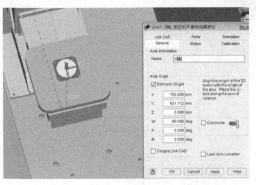

图 8-28　X轴电动机摆放完成效果

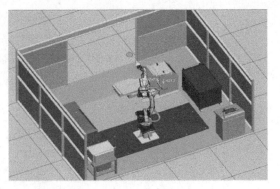

图 8-29　仿真工作站布局效果

## 8.6　任务五：弧焊功能仿真程序及测试

完成仿真工作站的布局以及焊枪和变位机的控制方式、运动姿态的设置后，机器人运动编程前的任务就全部完成了，本节将从程序编程的角度进行讲解。在进行编程前，根据之前的任务设计，为了完成圆形物料和方形物料的焊接任务，要将圆形和方形零件摆放在设计的工位上。接下来就以X轴上摆放工件为例来讲解Parts添加的一般步骤。

1）首先打开X轴的属性框如图8-30、图8-31所示。

2）单击Parts模块。

3）在长方形工料和圆形工料复选框前打勾后，单击［Apply］（应用）按钮，完成工料的添加。

4）工料姿态调整：选择要调整的工料，勾选 ［Edit Part Offset］复选框，通过平移、旋转操作进行调整。

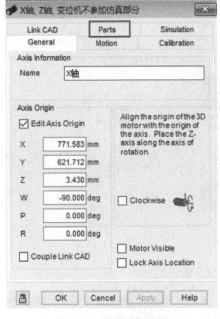

图 8-30　焊接工件添加

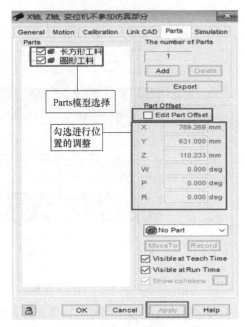

图 8-31　工件添加

完成了圆形工料的摆放，长方形工料的摆放同理，效果如图 8-32 所示。

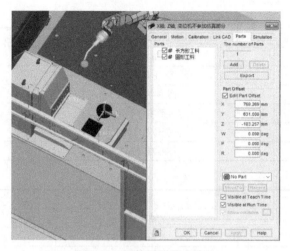

图 8-32　工件摆放完成效果

已完成的 I/O 参数、TCP 点参数设置如图 8-33 所示。

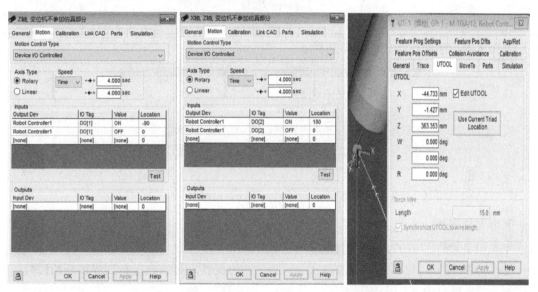

图 8-33　已完成的 I/O 参数、TCP 点参数设置

完成软件中的一些信号的设置之后，进行 TP 的操作。输出信号分配如图 8-34 所示。
创建主程序和子程序，程序分配如图 8-35 所示。

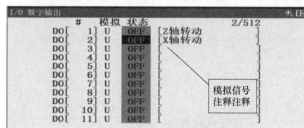

图 8-34　输出信号分配

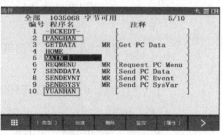

图 8-35　程序分配

161

程序分配见表8-1，信号分配表见表8-2。

表8-1 程序分配

| 程序名 | 作用 | 属性 |
|---|---|---|
| HOME | 回HOME点 | TP程序 |
| MAIN | 主程序 | TP程序 |
| YUANHAN | 圆形零件焊接 | TP程序 |
| FANGHAN | 方形零件焊接 | TP程序 |
| FUWEI | 变位机回零 | TP程序 |
| ZHUANDONG | 变位机转动 | TP程序 |

表8-2 信号分配

| 信号名 | 作用 | 属性 |
|---|---|---|
| DO[1] | Z轴转动 | 数字输出 |
| DO[2] | X轴转动 | 数字输出 |
| DI[1] | Z轴转动完成信号 | 数字输入 |
| DI[2] | X轴转动完成信号 | 数字输入 |
| DI[3] | Z轴回零信号 | 数字输入 |
| DI[4] | X轴回零信号 | 数字输入 |

主程序的程序调用顺序如图8-36所示。

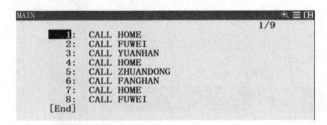

图8-36 主程序的程序调用顺序

圆形焊接案例

1: JP [2] 10% CNT100;

2: JP [3] 5% FINE; //为机器人起始点运行到焊接开始位置

3: Weld Start [1,1]; //焊接开始

4: WAIT .50(sec); //等待0.5s

5: CP [4]
　 P [5] 9cm/min CNT100;

6: CP [6]
　 P [7] 11cm/min CNT100;

7: CP [8]
　 P [9] 11cm/min CNT100;

8: CP [10]
　 P [3] 11cm/min FINE; //为焊接轨迹

9：　　Weld End[1,1]；　　　　　　　　//焊接结束

10：　WAIT  .50(sec)；　　　　　　　　//等待 0.5s

11：　J P[2]  10% CNT100；　　　　　　//变位机转动程序

12：　DO[1]=ON；　　　　　　　　　　//Z 轴转动信号

13：　DO[2]=ON；　　　　　　　　　　//X 轴转动信号

14：　WAIT DI[1]=ON；　　　　　　　　//Z 轴转动完成

15：　WAIT DI[2]=ON；　　　　　　　　//X 轴转动完成

16：　WAIT  .50(sec)；　　　　　　　　//等待 0.5s

复位、方形工料焊接等程序编写与此案例相似，可以参照以上案例进行尝试。

在软件中为了快速地得到运动轨迹，有一种快捷的方式：将光标置于将要焊接的工件上，按下 [Ctrl+Shift] 键就会出现如图 8-37 所示的效果图。

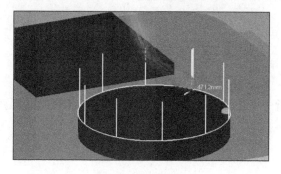

图 8-37　效果图

之后，就可以选择需要的运动轨迹。该功能是 ROBOGUIDE 软件自带的一种辅助功能，一般用在 TP 示教方式时当工具初始状态就垂直于工件，不需要调整工具姿态的情况。

经过单步运行的测试之后，就可以进行软件中的自动运行的测试。首先单击 按钮，打开 TP，单击 按钮打开仿真界面。仿真界面、TP、仿真工作站如图 8-38 所示。

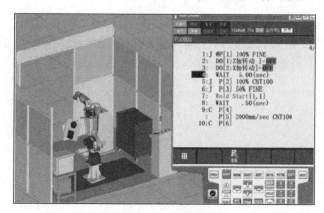

图 8-38　程序仿真测试

在仿真测试过程中，通过 TP 可以检测程序运行到哪一步，并且实时检测机器人的一个运行的状态。最后介绍一下仿真测试界面。仿真测试属性框如图 8-39 所示。

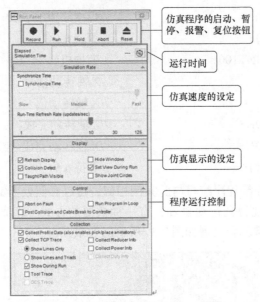

仿真程序的启动、暂停、报警、复位按钮

运行时间

仿真速度的设定

仿真显示的设定

程序运行控制

图 8-39　仿真测试属性框

如果运行过程中指令发生错误，可以返回重新编写。至此，弧焊机器人离线仿真学习任务完成。

## 8.7　思考与练习

（1）根据提供的 SoildWorks 装配图素材（按图 8-1 所示方法获得）和所学知识，对装配图进行拆解，并建立焊接机器人仿真工作站（ROBOGUIDE 素材按图 8-2 所示方法获取）。

（2）利用软件自带的 TCP 设定功能以及六点法在焊接机器人仿真工作站中完成 TCP 点设定，并对两种方法的 TCP 进行比较，计算六点法的标定精度。

（3）设置变位机转动工位，添加一个 45°工位。

（4）在原有的基础上，将圆形工料换成三角形工料。

在完成上述四点要求后，通过自主编写程序和分配信号，实现 0°工位方形工料焊接、45°工位实现三角形工料焊接的工作任务。焊接完成后，变位机回到 0°工位，机器人回到 HOME 点。

# 第 9 章

## hapter

# 创建等离子切割机器人仿真工作站

## 9.1 任务素材与任务介绍

完成本章任务所需的SolidWorks三维素材以及供参考的ROBOGUIDE素材请扫描图9-1和图9-2所示二维码获取。

本章主要任务是搭建等离子切割机器人仿真工作站，以完成各类金属件的切割成形功能的离线仿真。该工作站主要由机器人本体、等离子切割电源、等离子切割枪、变位机、柔性工作台、板材托板以及一套基于PLC控制的电控系统组成。等离子切割机器人工作站如图9-3所示。通过

图9-1 SoildWorks素材　图9-2 ROBOGUIDE素材

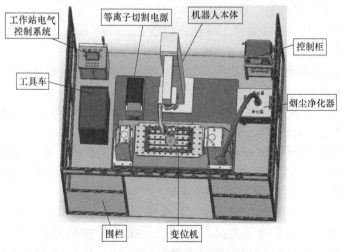

图9-3 等离子切割机器人工作站

在ROBOGUIDE仿真软件中创建Workcell，导入机器人本体、周边设备，以及变位机，之后完成切割程序编辑。

## 9.2 任务一：创建Workcell

创建等离子切割机器人仿真工作站的过程可按第5章任务二的新建Workcell过程来完成。

1）打开ROBOGUIDE后单击界面上的新建按钮，在出现的如图9-4所示界面中，根据任务要求，选择WeldPRO（图中方框所示），进行焊接模块的仿真，确定后单击［Next］按钮进入下一步。

2）输入仿真工作站的命名（此处命名为：等离子切割机器人工作站），之后单击［Next］按钮进入下一步。

3）选择创建机器人工程文件的方式，一般选用第一个方法，如果之前做过相似设备布局、功能或应用场景的Workcell，可以选择后两项进行复制创建，这里选用第一个选项进行全新创建，选定后单击［Next］按钮进入下一个界面，如图9-5所示。

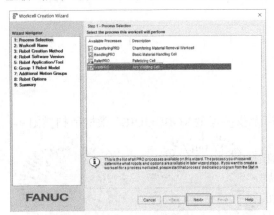

图9-4　Workcell创建第二步　　　　图9-5　Workcell创建第四步

4）选择需要安装在机器人上的软件版本，这里以常用的R-30iB为控制器，选用V8.3版本，单击［Next］按钮进入下一步。

5）选择（ArcTool）H541软件工具包，以及Set Eoat later（以后设置工具）后，单击［Next］按钮进入下一步。

6）选择仿真工作站所用的机器人。这里机器人型号选用的是H773（ARC Mate 0iB），单击［Next］按钮进入下一步。

7）在如图9-6所示界面，可以添加额外的机器人或附加轴等。此工作站没有由机器人控制器驱动的外部轴，单击［Next］按钮进入下一步。

8）如图9-7所示界面，可以根据需要配置附加功能软件，本工作站选择配置 R796、R641、R657软件选项。该步骤同时还可在Languages选项卡里设置语言环境，可根据需要进行配置。然后单击［Next］按钮进入下一步。

9）最后一步显示工作站的配置清单，如果需要修改可以单击［Back］按钮返回之前的步骤去做进一步修改。如果确定无误，就单击［Finish］按钮完成工作环境的建立，进入ROBOGUIDE仿真环境。Workcell创建完成如图9-8所示，到此完成创建Workcell任务。

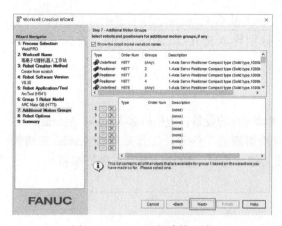

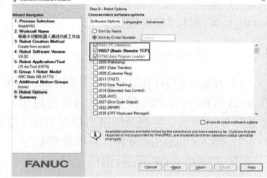

图 9-6　Workcell 创建第八步　　　　　　　　　　图 9-7　Workcell 创建第九步

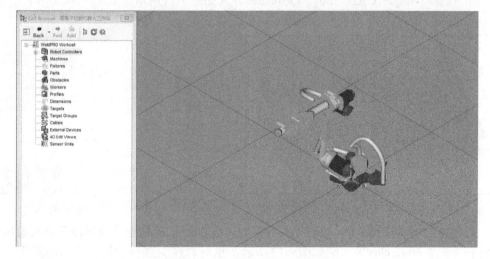

图 9-8　Workcell 创建完成

## 9.3　任务二：添加机器人工作站周边设备

通常建立仿真工作站之前，已建好工作站的 3D 装配模型。本任务的等离子切割工作站的 SoildWorks 装配模型如图 9-9 所示。利用该 3D 模型，分解各类属性部件，获得工具 EOATs

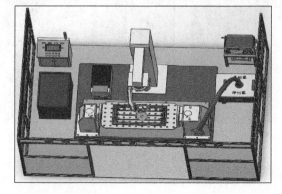

图 9-9　等离子切割工作站的 SoildWorks 装配模型

（等离子切割枪）、机械装置Machines（变位机）、工装台Fixtures、工件Parts以及外围设备模型Obstacles（电气设备、围栏）等模型，并分别导入ROBOGUIDE软件。首先添加Obstacles形式的外围设备模型。

### 9.3.1 添加Obstacles设备

1）复制一份3D装配模型，并删除其中具有运动过程的设备，包括机器人本体、Machines、Fixtures和Parts形式的模型，如H形变位机、需要切割的工件等。工作站的Obstacles三维模型如图9-10所示，将剩余的模型保存为IGS格式文件，为导入ROBOGUIDE做好准备。

2）导入Obstacles设备，具体步骤如下：

① 右键单击Obstacles图标。

② 单击［Add Obstacle］。

③ 选择［Single CAD File］。Obstacles导入如图9-11所示。

④ 在弹出的属性框中找到SoildWorks模型保存的igs文件的存储位置并打开。

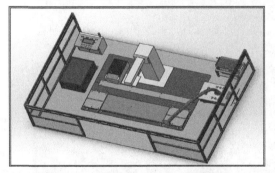

图9-10　工作站的Obstacles三维模型

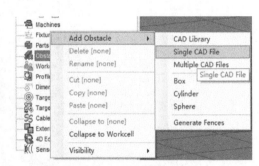

图9-11　Obstacles导入

3）设置Obstacles属性。根据导入的模型，在Obstacles属性界面可设定导入的模型放置位置和方向。Obstacles导入图如图9-12所示。也可对模型进行旋转、平移的操作，放到一个合适的位置后单击应用按钮［Apply］，至此模型导入完成。Obstacles添加完成效果如图9-13所示。

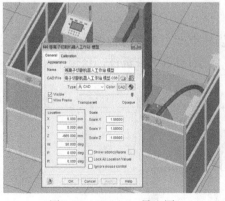

图9-12　Obstacles导入图

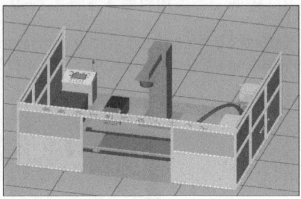

图9-13　Obstacles添加完成效果

### 9.3.2 安装机器人本体

导入Obstacles设备后，需要将已经在Workcell中的ARC Mate 0iB机器人本体安装到

obstacles设备的底座位置，步骤如下：

1）单击机器人本体，出现机器人属性设置界面，如图9-14所示。

2）通过设置属性界面的位置参数，也可以通过平移、旋转将机器人摆放到需要装配的位置上。本任务中的机器人放置方式是倒挂形式，根据底座的定位孔进行定位，单击［Apply］（应用）按钮完成摆放。机器人倒挂摆放位置如图9-15所示。

图9-14　机器人属性设置界面

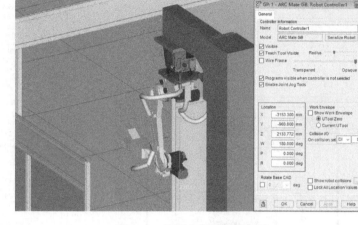

图9-15　机器人倒挂摆放位置

## 9.4　任务三：添加机器人工具

本任务将添加等离子切割枪作为机器人工具。在前面创建新Workcell时，已选择以后设置工具操作，若已自动配置焊枪，可右键选择Eoat1进行清除。添加工作站配套的等离子切割枪步骤如下：

1）右键单击第一个Tooling，UT：1（Eoat1）。

2）若已自动配置焊枪，则选择［Clear Eoat1 Values］，清除自动配置的焊枪数据。Tooling数据清除操作如图9-16所示。

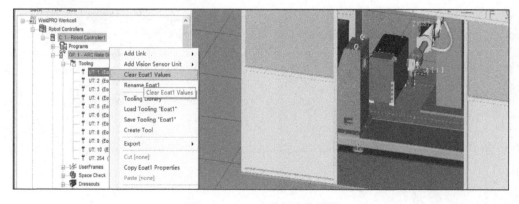

图9-16　Tooling数据清除操作

3）打开工具属性界面操作如图9-17所示，双击UT：1（Eoat1），将弹出Eoat1工具的属性界面。

4）在Eoat1工具的属性界面里，选择General（常规）选项卡，单击文件夹图标，选择添加的等离子切割枪模型，并通过位置属性模块调整等离子切割枪位置与姿态。工具添加与位置属性设置如图9-18所示。

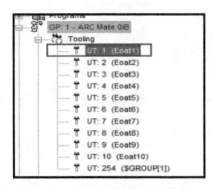

图9-17　打开工具属性界面操作

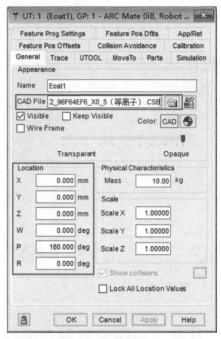

图9-18　工具添加与位置属性设置

5）完成设置后，单击［Apply］（应用）按钮。工具添加完成结果如图9-19所示。

6）设置UT：1（Eoat1）的TCP。机器人TCP的设定可通过三点法、六点法、直接输入法等方式实现，在ROBOGUIDE软件里也可通过采用快捷键平移、旋转TCP点完成设定。操作如下：

选择UTOOL选项卡，勾选［Edit UTOOL］复选框，Tool设置界面如图9-20所示。通过对工具坐标系的平移、旋转得到新的位姿后，单击［Use Current Triad Location］更新TCP

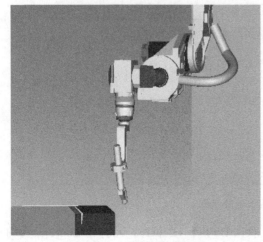

图9-19　工具添加完成结果

图9-20　Tool设置界面

的位置，也可直接输入相应偏移位置与角度值后单击［Apply］（应用）按钮。TCP设置结果如图9-21所示。通常设置的TCP会与等离子切割枪喷嘴保持一定距离，以便在后期示教编程时形成非接触式切割加工。

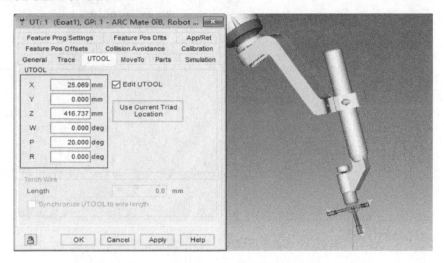

图9-21　TCP设置结果

## 9.5　任务四：添加变位机及其运动控制设置

本工作站采用的H形单轴变位机由外部电动机驱动。本任务将创建一个采用信号控制的附加轴做此单轴变位机，通过DI/DO信号实现机器人对变位机的运动控制与信号反馈。在ROBOGUIDE软件中，变位机是Machines形式的设备，由外部电动机驱动变位机实现旋转，因此，需将变位机旋转部件（旋转载物台）与固定部件（变位机支架）拆解开，并分别保存为IGS文件。变位机拆分效果图如图9-22所示。变位机的添加与设置步骤如下：

a) 变位机整体　　　　　　　　b) 旋转载物台　　　　　　　　c) 变位机支架

图9-22　变位机拆分效果图

171

1）导入变位机的固定部件。右键单击导航目录窗口中的Machines图标，选择［Add Machine］，单击［CAD File］。在弹出的属性框中单击文件夹图标，找到变位机固定部件的IGS模型存储位置并打开。

2）设置变位机的固定部件位置。参照Obstacles设备位置参数设置方法，修改设置固定部件模型的位置和方向，将其放置于机器人工作站的安装底座上。修改完成后单击［Apply］（应用）按钮。变位机固定部件模型位置设置与布局如图9-23所示。

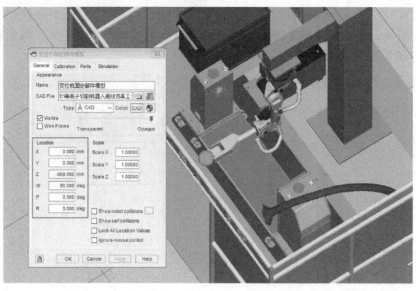

图9-23　变位机固定部件模型位置设置与布局

3）添加变位机的旋转部件。右键单击 Machines 下的变位机固定部件图标，选择［Add Link］。Machines 电动机导入步骤如图9-24所示，单击［CAD File］将出现文件选择框，选择打开变位机的旋转部件 IGS 文件，将变位机的旋转部件作为 Link1 的 CAD 模型，实现旋转部件和固定部件的结合布局。旋转部件导入位置如图9-25所示。

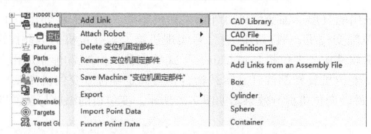

图9-24　Machines 电动机导入步骤

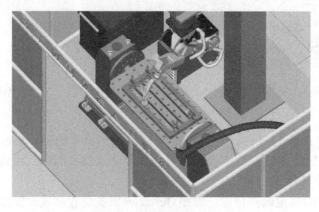

图9-25　旋转部件导入位置

　　4）变位机旋转轴电动机位置设置。在Link1属性设置界面的General选项卡中，修改旋转轴原点坐标位置与方向参数，旋转轴原点位置与布局效果如图9-26所示。

　　5）变位机旋转轴运动控制设置。完成布局后，进行变位机旋转轴运动方式、控制方式的设置。在Link1属性设置界面的Motion选项卡中，在Motion Control Type下拉选项中选择Device I/O Controlled控制方式及I/O信号参数设置，轴类型选择［Rotary］旋转轴及位置配置，变位机旋转轴运动控制设置如图9-27所示。I/O信号与对应的位置可根据编程仿真需要用到的角度进行设置。

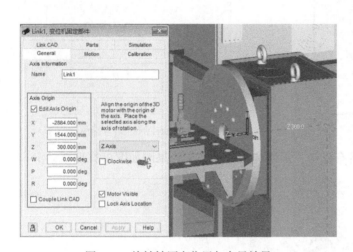

图9-26　旋转轴原点位置与布局效果

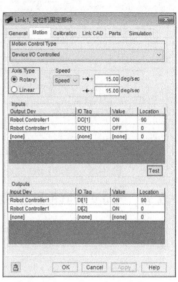

图9-27　变位机旋转轴运动控制设置

## 9.6　任务五：添加工件

　　等离子切割具有切割厚度大、切割灵活、可以切割曲线等优点，广泛应用于金属材料和非金属材料的切割。本任务添加一个大小400mm×700mm、厚度5mm的板材作为工件，并将此工件附加到变位机上，主要步骤如下：

　　1）工件导入。右键单击导航目录中的Parts图标，选择［Add Part］，单击［Box］。添加Part如图9-28所示。

　　2）设置Part1大小。在Part1属性设置界面，修改其尺寸大小。设定Part1大小如图9-29所示。

　　3）变位机附加Part1。双击导航目录窗口中的Machines下的变位机Link1，打开Link1属性设置界面，选择Parts选项卡，勾选［Part1］选项，并设置Part1的位置偏移值。Part1的附加与偏移设置如图9-30所示。

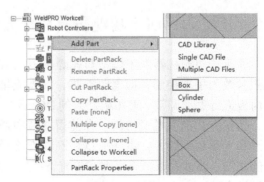

图9-28　添加Part

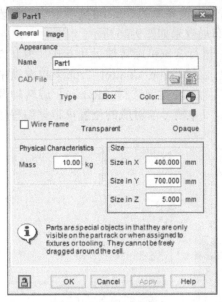

图9-29 设定Part1大小

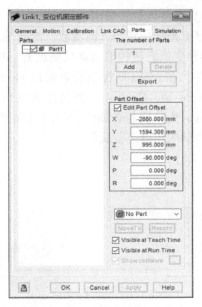

图9-30 Part1的附加与偏移设置

至此，完成了仿真编程前的所有任务，最终的工作站布局效果图如图9-31所示。

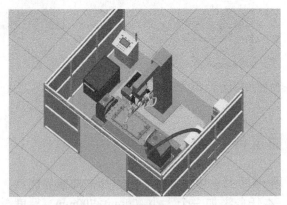

图9-31 工作站布局效果图

## 9.7 任务六：切割功能仿真程序及测试

等离子切割机器人工作站与弧焊机器人有一定的相似之处。本仿真工作站所用等离子切割参数为手动控制，即电源参数、气体流量参数等由操作人员通过等离子焊机电源的操作面板进行手动调整，使用机器人的DO（数字输出）进行切割控制，适用于单一材质、厚度、切割方式的大批量切割。在前面章节中通过点动机器人进行每一个点地示教，仿真了圆形和方形运动路径。本任务以切割圆弧路径为例，用另外一种设定参数的方式来进行路径的规划，将涉及数值寄存器和位置寄存器。仿真程序将使用到的I/O信号、寄存器的功能分配见表9-1。

本例程序中，机器人将从 HOME PR［1］位置出发，移动至圆心位置PR［2］，以R［1］为圆的半径，计算需要切割圆形的4个关键位置点。因采用了中心穿孔切割，切割枪在

表 9-1　I/O信号、寄存器的功能分配表

| 序号 | 信号/寄存器 | 作用 | 属性 |
|---|---|---|---|
| 1 | DO[5] | 切割开始 | 数字输出 |
| 2 | PR[1] | 机器人HOME位 | 位置寄存器 |
| 3 | PR[2] | 圆心位置 | 位置寄存器 |
| 4 | R[1] | 圆半径 | 数值寄存器 |

切割对象内部开始起弧，起弧后停留一段时间完成穿孔后再进行后续切割。在进行穿孔的过程中，由于有大量的颗粒飞溅，所以穿孔高度应大于正常切割高度。完成圆形切割后，经规避点返回HOME位置。具体程序编辑如下：

1：J PR［1：HOME］60% FINE；

2：J P［1］30% FINE；

3：L P［2］100mm/sec FINE；　　　　　　　　　　　//圆心位置

4：　PR［2：圆心］=LPOS；　　　　　　　　　　　//圆心位置

5：　PR［3］=PR［2：圆心］；

6：　PR［3, 1］=PR［2, 1：圆心］+R［1：圆半径］；　　//圆形关键点1

7：　PR［4］=PR［2：圆心］；

8：　PR［4, 2］=PR［2, 2：圆心］–R［1：圆半径］；　　//圆形关键点2

9：　PR［5］=PR［2：圆心］　　　；

10：　PR［5, 1］=PR［2, 1：圆心］–R［1：圆半径］；　　//圆形关键点3

11：　PR［6］=PR［2：圆心］　　　；

12：　PR［6, 2］=PR［2, 2：圆心］+R［1：圆半径］；　　//圆形关键点4

13：L P［3］100mm/sec FINE；　　　　　　　　　　//穿孔高度位置

14：　DO［5：切割开始］=ON；　　　　　　　　　　//启动切割信号

15：　WAIT　.50（sec）；　　　　　　　　　　　　//穿孔时间

16：L PR［2：圆心］12mm/sec FINE；　　　　　　　//切割高度

17：L PR［3］12mm/sec FINE；

18：C PR［4］

　：　PR［5］12mm/sec CNT100；

19：C PR［6］

　：　PR［3］12mm/sec FINE；

20：　WAIT　.50（sec）；

21：　DO［5：切割开始］=OFF；　　　　　　　　　//停止切割信号

22：L PR［2：圆心］100mm/sec FINE；

23：L P［1］100mm/sec CNT20；

24：J PR［1：HOME］60% FINE；

　　END

完成上述程序编写后，可启动仿真运行。切割程序仿真轨迹如图9-32所示。通过改变圆心位置示教点、改变半径R［1］的值，可在不同位置下切割不同大小的圆形。

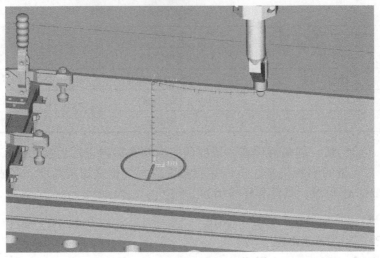

图9-32 切割程序仿真轨迹

## 9.8 思考与练习

（1）根据提供的SoildWorks 装配图素材（按图9-1所示方法获得）和所学知识，对装配图进行拆解，并建立等离子切割机器人仿真工作站（ROBOGUIDE 素材按图9-2所示方法获得）。

（2）熟练掌握数值寄存器、位置寄存器的使用方法。

（3）通过修改寄存器参数，采用子程序调用等方式实现多个圆形的切割加工。

第**10**章

hapter

创建多机器人协同
离线仿真工作站

## 10.1 任务素材与任务介绍

完成本章任务所需的 SolidWorks 三维素材以及供参考的 ROBOGUIDE 素材请扫描图 10-1 和图 10-2 所示二维码获取。

图 10-1 SoildWorks 素材

图 10-2 ROBOGUIDE 素材

本章介绍的多机器人协调 P 梁焊接工作站主要由变位机、焊接工装夹具、焊接/搬运机器人、AGV 输送车、焊接电源、焊枪、防撞器、清枪剪丝机、机器人周边设备、安全防护系统、控制系统等主要部分组成，如图 10-3 所示。工作站由左右两个工位组成，搬运机器人在左边工位装卸工件时，焊接机器人在右侧工位焊接，反之亦然。任务流程如下：①安装 P 梁两端的侧板，以右侧板为例，搬运机器人抓取右侧板后将侧板安装在焊接夹具的右侧板定位销上，由电磁铁吸力固定，另一端侧板也是如此；②放置 P 梁：搬运机器人将 P 梁放入焊接夹具，由横向压紧气缸、纵向压紧气缸和转角压紧气缸对 P 梁进行定位夹紧；③焊接环节：焊接工装安装在变位机上，当焊接机器人焊接完成一侧焊接工序时，工件随变位机翻转 180°，焊接机器人再焊接另一侧，两侧焊接完成后，焊接机器人回到初始位置；④完成焊接后搬运机器人将焊接完的工件变位机转运至成品垛料台上。

本章将分为创建Workcell、添加机器人工作站周边设备、添加机器人工具、添加Parts部件及编制机器人工作站程序五大部分来建立多机器人协作的双工位焊接机器人离线仿真工作站，具体的工作站创建流程如图10-4所示。

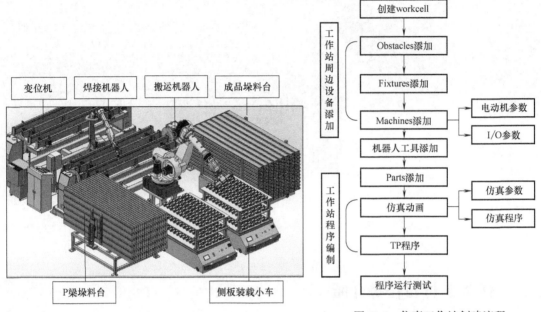

图10-3　工作站的组成

图10-4　仿真工作站创建流程

## 10.2　任务一：创建Workcell

1）打开ROBOGUIDE，单击界面上的新建按钮，进入如图10-5所示界面。

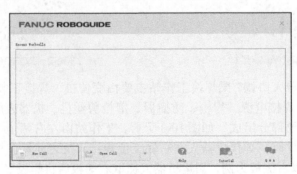

图10-5　Workcell创建第一步

2）单击新建按钮 New Cell，在打开的界面中选择WeldPRO模块（如图中方框所示），确定后单击［Next］按钮进入下一个步骤，如图10-6所示。

3）确定仿真的命名，即在［Name］文本中输入自己需要的仿真名字。命名完成后单击［Next］按钮进入下一个选择步骤。

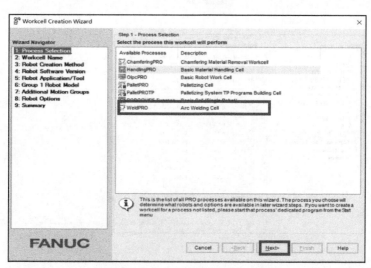

图 10-6　Workcell 创建第二步

4）创建一个新的机器人（一般用第一个方法），如果之前做过相似设备布局、功能或应用场景的 Workcell，可以选择后两项进行复制创建，这里选用第一个方法进行全新创建，完成后单击［Next］按钮进入下一个界面。

5）选择需要安装在机器人上的软件版本，这里选用 V8.3 版本，单击［Next］按钮进入下一个界面。

6）根据仿真的需要选择弧焊应用，然后单击［Next］按钮进入下一个选择界面，这里选择 H541，如图 10-7 所示。

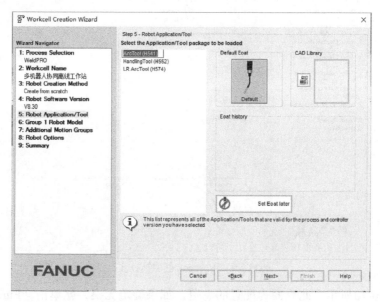

图 10-7　Workcell 创建第六步

7）选择仿真所用的机器人型号，这里几乎包含了所有的机器人类型，如果选型错误，可以在创建之后再更改，本次仿真所用的机器人型号选用的是 M-10iA/8L，单击［Next］按钮，如图 10-8 所示。

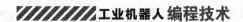 

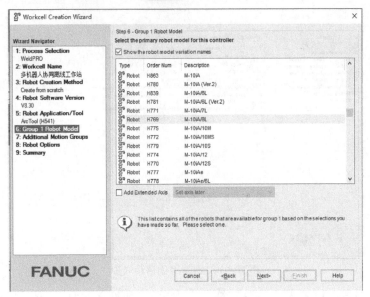

图10-8　Workcell创建第七步

8）可以切换到Languages选项卡设置语言环境，如图10-9所示。示教器界面默认的是英语，需要中文环境应勾选［Chinese　Dictionary］选项。然后单击［Next］按钮进入下一个选择界面。

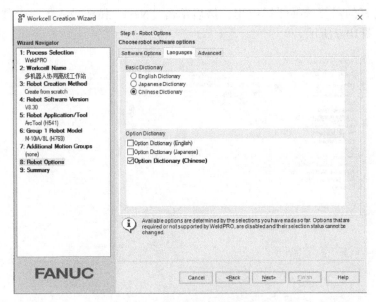

图10-9　Workcell创建第九步

9）如图10-10所示，此界面为配置的总览。如果确定无误，就单击［Finish］按钮，完成初步创建。

本工作站为多机器人协作工作站，除了已添加的焊接机器人，还需添加两个搬运机器人。搬运机器人1添加步骤如下：

1）右键单击导航目录窗口的Robot Controllers图标，如图10-11所示，选择［Add Robot］。

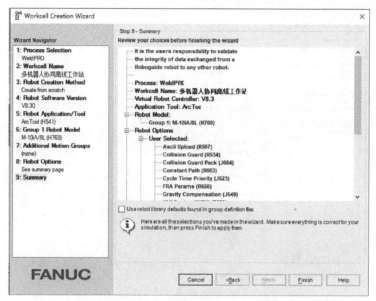

图 10-10　Workcell 创建第十步

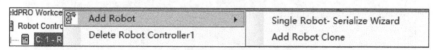

图 10-11　增加搬运机器人步骤一

2）单击 [Single Robot-Serialize Wizard]，依照上述的 Workcell 建立步骤，依次进行，在机器人型号选择界面选择 H721，如图 10-12 所示。

3）在软件选择界面选择 J500（码垛功能），如图 10-13 所示，单击 [Next] 按钮后进入控制器初始化界面加载。

4）按照相同操作方式添加搬运机器人 2，由此完成了三个机器人的 Workcell 建立。Workcell 创建完成如图 10-14 所示。

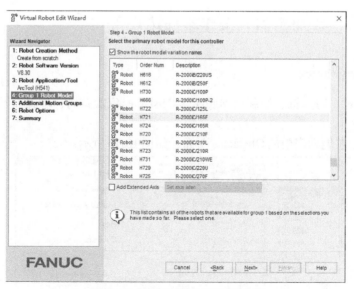

图 10-12　搬运机器人增加步骤二

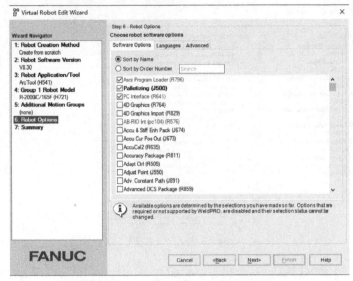

图 10-13　搬运机器人增加步骤三

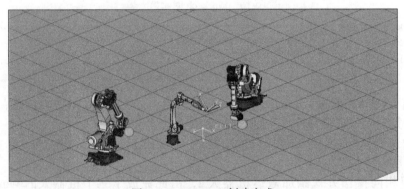

图 10-14　Workcell 创建完成

## 10.3　任务二：添加机器人工作站周边设备

### 10.3.1　添加 Obstacles

工作站从围栏、剪丝机、控制柜到底座等 Obstacles 依次布局，步骤如下：

**1. 添加围栏**

1）右键单击左侧列表中的 Obstacles 图标，如图 10-15 所示。

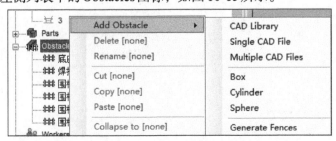

图 10-15　Obstacles 添加

2）选择［Add Obstacle］。

3）选择［Generate Fences］。

4）选择仿真工作站地板。

5）用鼠标划出围栏的范围。

6）单击［Generate Fences］，设置围栏参数。围栏添加如图10-16所示。

7）围栏添加效果如图10-17所示。

**2. 添加机器人工作站固定部分**（机器人底座、清枪剪丝机、焊机、控制柜等）

1）重复上述步骤1）、2），选择［Single CAD File］。

2）单击文件夹图标，选择Obstacle.IGS。

3）单击［OK］按钮，再单击［Apply］（应用）按钮。

4）通过调试［Location］模块参数，确定位置参数如图10-18所示。

最终机器人固定部分效果如图10-19所示。

图10-16 围栏添加

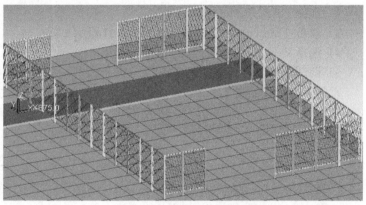

图10-17 围栏添加效果图

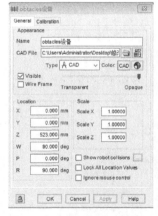

图10-18 Obstacles属性框

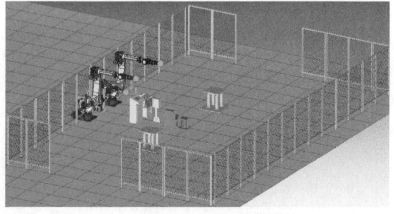

图10-19 机器人工作站固定部分图效果

**3. 机器人位置调试**

1）双击机器人本体。

2）选择［General］选项卡，修改机器人位姿参数。

3）三机器人（焊接机器人、搬运机器人1、搬运机器人2）位姿参数如图10-20所示。

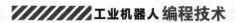

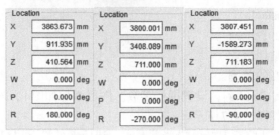

图 10-20　三机器人位姿参数

### 10.3.2　添加 Fixtures

Fixtures 设备的添加步骤如下：

**1. 以叉车 1 添加为例**

1）单击左侧列表中〔Fixture〕选项。

2）选择〔Add Fixture〕。

3）单击〔Single CAD File〕，如图 10-21 所示。

4）选择叉车.IGS 文件打开。

5）调试叉车位姿数值完成添加。

重复上述步骤完成叉车 2 的添加，叉车 1、叉车 2 位姿参数如图 10-22 所示。

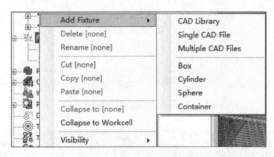

图 10-21　Fixture 设备添加

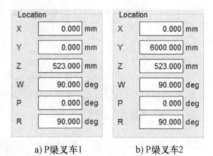

a）P 梁叉车 1　　　　b）P 梁叉车 2

图 10-22　叉车位姿参数

**2. 添加六个 AGV 小车：四个 AGV 侧板小车、两个成品 AGV 小车**

以侧板 AGV 小车为例，步骤如下：

1）重复添加叉车步骤中的步骤 1）~3）。

2）选择 AGV 侧板小车.IGS。

3）调试 AGV 侧板小车位姿数值，完成 AGV 侧板小车添加。

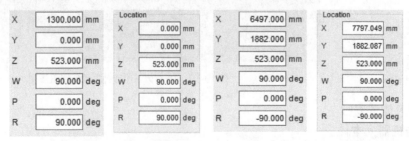

a）AGV 侧板小车 1　　　b）AGV 侧板小车 2　　　c）AGV 侧板小车 3　　　d）AGV 侧板小车 4

图 10-23　AGV 小车位姿参数

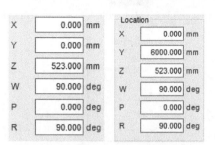

e) AGV成品小车1　　f) AGV成品小车2

图10-23　AGV小车位姿参数（续）

4）重复AGV侧板小车添加步骤。

5）四个AGV侧板小车（1、2、3、4）及AGV成品小车（1、2）的位姿参数如图10-23所示。

Fixtures布局效果图如图10-24所示。

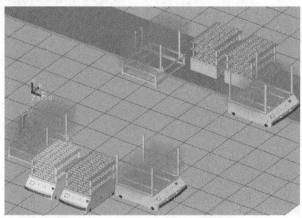

图10-24　Fixtures布局效果图

### 10.3.3　Machine添加

本任务中变位机的翻转、升降气缸、横向气缸的移动功能可通过虚拟电机实现动作的仿真。

以下以左变位机为例讲解Machine添加。

变位机包括固定部分（底座）和运动部分。运动部分包括：转台、升降气缸、横向气缸。

**1. 变位机固定部分**

1）单击左侧列表中［Machines］选项。

2）选择［Add Machine］。

3）单击［CAD File］，如图10-25所示。

4）选择变位机固定部分.IGS文件打开。

5）调试变位机固定部分位姿数值，完成添加。

变位机固定部分包括了左右变位机底座，其位姿参数如图10-26所示。

**2. 变位机运动部件添加**（以左转台为例）

（1）转台添加

1）单击左侧列表中变位机固定部分图标。

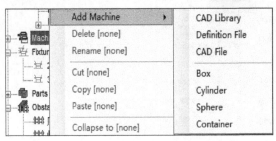

图 10-25　Machine添加步骤

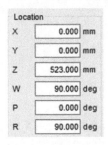

图 10-26　变位机固定部分位姿参数

2）单击［Add Link］。

3）选择［CAD File］，选择左转台.IGS文件，单击［OK］按钮。

4）单击［Apply］（应用）按钮。

5）选择［Link CAD］选项卡，调整转台位姿参数如图10-27a所示。

6）选择［General］选项卡，取消［Couple Link CAD］复选框勾选，完成转台电动机位姿调整，相关参数如图10-27b所示。

7）选择［Motion］选项卡，按照如图10-27c所示进行转台电动机运动参数设置操作，完成转台旋转控制方式、信号分配、旋转参数地设置。

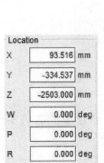
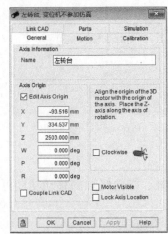
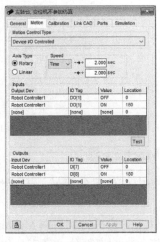

a) 转台位姿参数　　　　　　　b) 转台电动机位姿参数　　　　c) 转台电动机运动参数设置

图 10-27　左转台参数

（2）升降气缸添加

1）单击左侧列表中的左转台图标。

2）单击［Add Link］。

3）选择［CAD File］，选择升降气缸.IGS文件，单击［OK］按钮。

4）单击［Apply］（应用）按钮。

5）选择［Link CAD］选项卡。升降气缸位姿参数如图10-28a所示。

6）选择［General］选项卡，完成升降气缸电动机位姿参数调整，相关参数如图10-28b所示。

7）选择［Motion］选项卡，按照如图10-28c所示进行升降气缸运动参数设置操作，完成升降气缸旋转控制方式、信号分配、平移参数地设置。

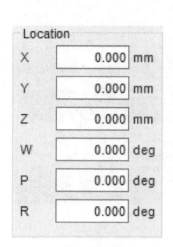

a) 升降气缸位姿参数

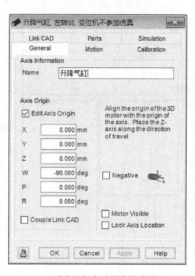

b) 升降气缸电动机位姿参数

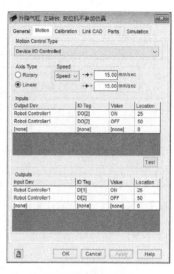

c) 升降气缸运动参数设置

图10-28　升降气缸参数

（3）横向气缸添加（以向左为例）

1）单击左侧列表中左转台图标。

2）单击［Add Link］。

3）选择［CAD File］，选择横向气缸向左.IGS文件，单击［OK］按钮。

4）单击［Apply］（应用）按钮。

5）具体的位姿参数、电动机信号参数如图10-29所示。

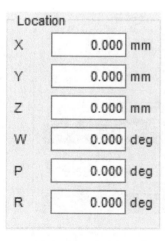

a) 气缸位姿参数

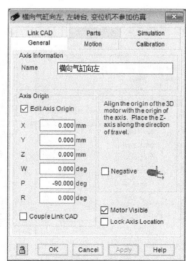

b) 气缸电动机位姿参数

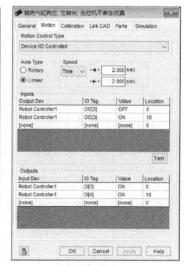

c) 气缸运动参数

图10-29　横向气缸（向左）参数

6）参照上述步骤完成横向气缸向右的添加，参数如图10-30所示。

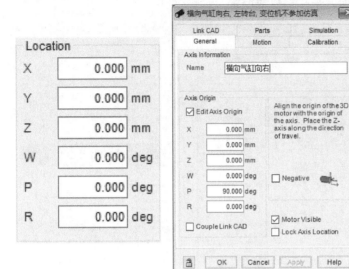

a) 气缸位姿参数　　　　　b) 气缸电动机位姿参数　　　　　c) 气缸运动参数

图10-30　横向气缸（向右）参数

按照左转台的添加设置方式，完成右转台的添加。

依照左变位机运动部分的添加，完成右变位机的添加及相关位姿参数、运动参数如图10-31~图10-34所示。

变位机添加效果图如图10-35所示。

两工位的焊接流程：搬运机器人完成上料→触发焊接机器人焊接开始信号→焊接完成→触发搬运机器人下料信号。本节通过一个外部I/O信号功能的设置，协调三台机器人的运行。具体步骤如下。

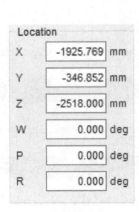

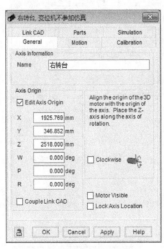

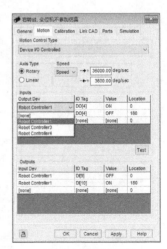

a) 转台位姿参数　　　　　b) 转台电动机位姿参数　　　　　c) 转台电动机运动参数

图10-31　右变位机转台参数

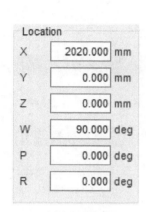

a) 升降气缸位姿参数

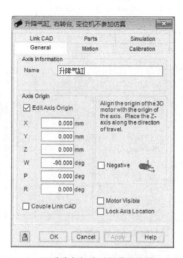

b) 升降气缸电动机位姿参数

c) 升降气缸运动参数

图10-32 右变位机升降气缸参数

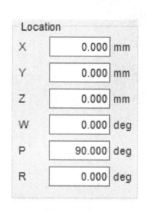

a) 气缸位姿参数

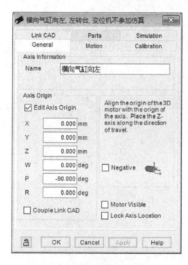

b) 气缸电动机位姿参数

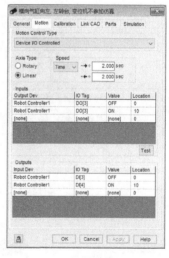

c) 气缸运动参数

图10-33 右变位机横向气缸（向左）参数

1）单击左菜单下的［Tools］选项卡，在下拉菜单栏中选择［External I/O Connection］功能。辅助信号添加如图10-36所示。

2）单击图10-37中的［Disconnect］按钮，设置各项参数。

3）共需要左右两侧四个外部I/O信号：码垛完成信号1、焊接完成信号1、码垛完成信号2、焊接完成信号2，如图10-37所示。

至此周边设备布局完成，但要实现工作站的实际编程仿真运行，还要进行工具添加、Parts设置以及仿真程序编写等。

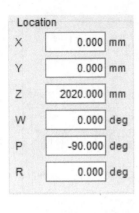

a) 气缸位姿参数

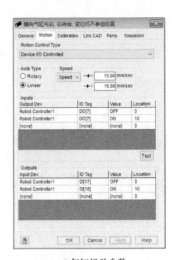

b) 气缸电动机位姿参数　　　　　c) 气缸运动参数

图10-34　右变位机横向气缸（向右）参数

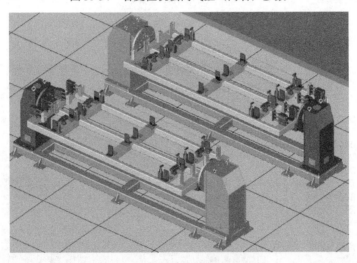

图10-35　变位机添加效果图

图10-36　辅助信号添加

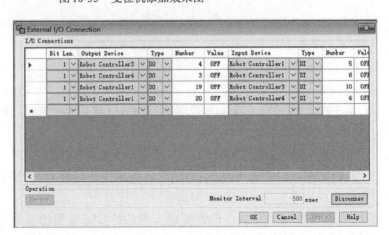

图10-37　辅助信号具体参数

## 10.4 任务三: 添加机器人工具

弧焊工作站周边设备已经添加完成，本节主要进行机器人工具（焊接机器人的焊枪、搬运机器人的夹爪）的添加，步骤如下:

**1. 焊枪添加**

1）系统配套的焊枪清除如图10-38所示。

2）依次选择C: 1-Robot Controller1、GP: 1-M-10IA/8L、UT: 1（Eoat1）。

3）选择［Clear Eoat1 Values］，就完成焊枪数据的清除。

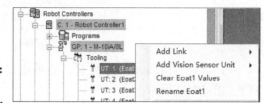

图10-38 焊枪清除

4）双击UT: 1（Eoat1）出现属性框，单击文件夹选择焊枪的CSB文件打开（要在焊枪的法兰盘上建立一个坐标系）。焊枪属性框如图10-39所示。

5）选择［UTOOL］选项卡，TCP设置如图10-40所示，勾选［Edit UTOOL］选项，平移旋转TCP点。

6）完成TCP位姿调整，单击［Use Current Triad Location］按钮记录位置。

**2. 搬运夹爪1的添加**

1）系统配套的搬运夹爪清除。

2）选择GP: 1-R-2000iC/165F、UT: 1（Eoat1）。

3）选择Clear Eoat1 Values，完成夹爪数据的清除。

4）单击UT: 1（Eoat1），选择［Add Link］。夹爪Link添加如图10-41所示。

5）选择［CAD File］，选择右夹爪.IGS文件打开（要保持与夹爪本体坐标系一致）。

6）选择［General］选项卡，勾选［Edit Axis Origin］选项（Couple Link CAD选项，勾选此选项则电动机的模型和坐标系一起变动，不选择可以固定住坐标系位置，单独改变电动机位置）。

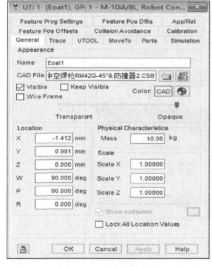

图10-39 焊枪属性框

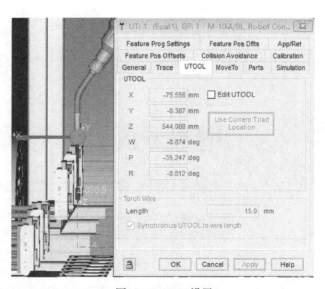

图10-40 TCP设置

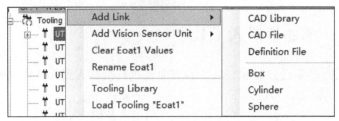

图10-41　夹爪Link添加

7）选择［Motion］选项卡，夹爪电动机转动角度设置、控制方式选择及搬运夹爪的TCP如图10-42所示。

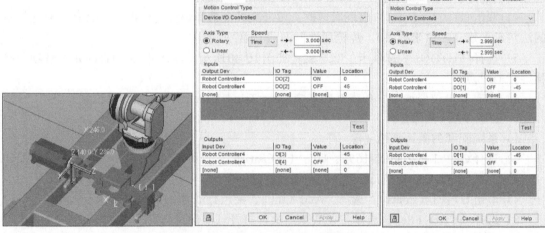

图10-42　夹爪电动机位置参数设置

搬运夹爪2电动机位置参数设置如图10-43所示。

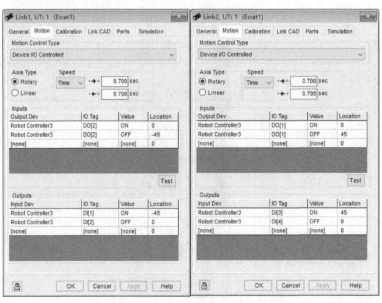

图10-43　搬运夹爪2电动机位置参数设置

## 10.5　任务四：添加 Parts 部件

Parts 模块的添加分为两种形式：单一工件添加，多工件添加。

需单一工件添加的设备包括：夹爪。

需多工件添加的设备包括：叉车、侧板 AGV 小车、焊接成品 AGV 小车和变位机。

以焊接前工件（Parts）为例，添加步骤如下：

1）单击 [Parts] 模块。Parts 添加如图 10-44 所示。

2）选择 [Add Part]。

3）选择 [Single CAD File]。

4）选择焊接未完成工件 .IGS 文件。

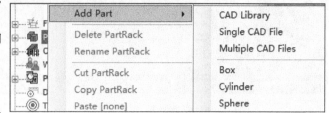

图 10-44　Parts 添加

5）单击 [OK] 按钮，完成 Parts 工件的添加。

6）按照上述步骤依次完成其余三个 Parts 的添加（右侧板、左侧板、焊接完成工件）。

接下来以搬运夹爪 1、AGV 小车 1 为例详细介绍在设备上添加 Parts。

（1）以夹爪添加右侧板为例，添加 Parts 步骤如下：

1）双击左侧列表 UT：1（Eoat1）。

2）在 [Parts] 选项卡中勾选左侧板模型，单击 [Apply]（应用）按钮。

3）选定一种模型，再勾选 [Eidt Part Offset] 选项，调整其与夹爪的相对位置，调整好后单击 [Apply]（应用）按钮。

图 10-45　夹爪 Parts 位姿参数

4）参照上述步骤完成左侧板、右侧板、焊接未完成工件、焊接完成工件的添加，并设置位姿参数如图10-45所示。

5）调试好各部件的位姿效果如图10-46（侧板位置）、图10-47（P梁位置）所示。

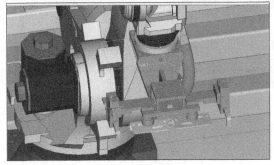

| 图10-46　侧板位置 | 图10-47　P梁位置 |

搬运夹爪2参照上述方法完成工件添加。

（2）以AGV小车1上添加右侧板为例，步骤如下：

1）双击左侧列表中的AGV小车1，选择［Parts］选项卡。

2）在右侧板前打勾，单击［Apply］（应用）按钮。

3）选定右侧板，再勾选［Edit Part Offset］选项，调整第一个右侧板与AGV小车的相对位姿，如图10-48所示，调整好后单击［Apply］（应用）按钮。

4）单击［Simulate］选项卡（若工件在仿真过程中需要被抓取勾选［Allow part to be picked］选项，被放置勾选［Allow part to be placed］选项，既被抓取又被放置则双选）。侧板仿真参数如图10-49所示。

5）多工件添加方法：［Parts］选项卡中首先选择add。

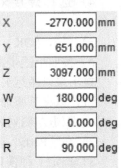

图10-48　侧板位姿参数

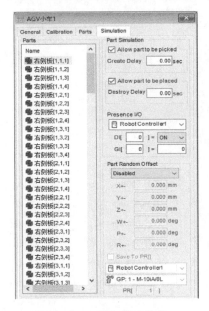

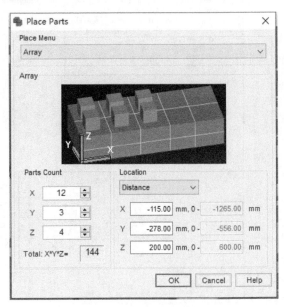

| 图10-49　侧板仿真参数 | 图10-50　侧板Array参数 |

6）设置X、Y、Z轴方向的个数、间距的数值如图10-50所示，单击［OK］按钮。

通过分析可知，侧板AGV小车和P梁叉车上的工件需要被抓取、成品AGV小车上工件需要被放置，变位机上工件既要被抓取又要被放置，相关参数如图10-51、图10-52所示（参

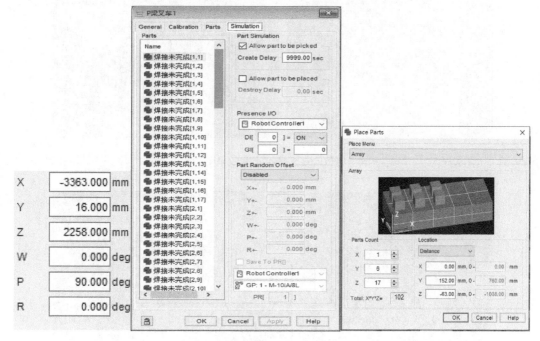

图10-51　P梁参数

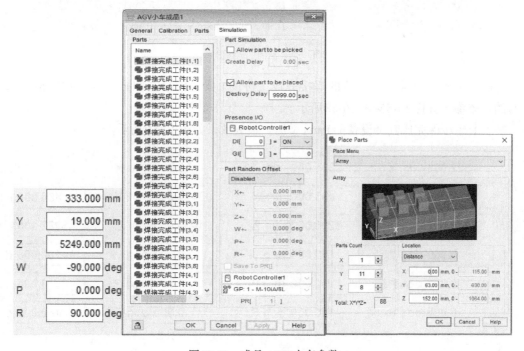

图10-52　成品AGV小车参数

考工件位姿、Array参数）。设置完成之后的效果图如图10-53、图10-54所示。

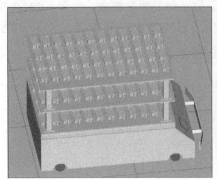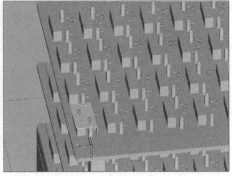

图10-53　AGV小车效果图

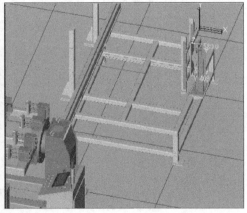

图10-54　垛料台效果图

变位机上需要添加四个工位的焊接完成工件的P梁，四个左侧板与四个右侧板。每一Parts的位姿参数如图10-55~图10-58所示。

参照上述步骤完成其余设备的Parts添加。最终效果如图10-59所示。

| X | -522.000 mm | X | -238.000 mm | X | 30.000 mm | X | 317.000 mm |
|---|---|---|---|---|---|---|---|
| Y | 484.000 mm | Y | 495.000 mm | Y | 481.000 mm | Y | 486.000 mm |
| Z | 1436.000 mm | Z | 6296.000 mm | Z | 1436.000 mm | Z | 6287.000 mm |
| W | 0.000 deg | W | 180.000 deg | W | 0.000 deg | W | 180.000 deg |
| P | 0.000 deg | P | 0.000 deg | P | 0.000 deg | P | 0.000 deg |
| R | 0.000 deg | R | 180.000 deg | R | 0.000 deg | R | 180.000 deg |

图10-55　焊接工件位姿

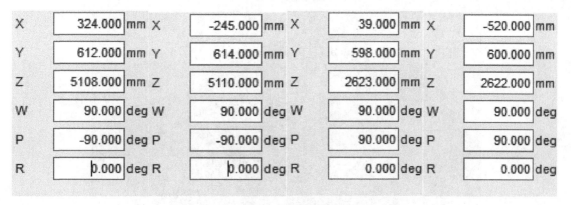

| | | | | | | | |
|---|---|---|---|---|---|---|---|
| X | 324.000 mm | X | -245.000 mm | X | 39.000 mm | X | -520.000 mm |
| Y | 612.000 mm | Y | 614.000 mm | Y | 598.000 mm | Y | 600.000 mm |
| Z | 5108.000 mm | Z | 5110.000 mm | Z | 2623.000 mm | Z | 2622.000 mm |
| W | 90.000 deg | W | 90.000 deg | W | 90.000 deg | W | 90.000 deg |
| P | -90.000 deg | P | -90.000 deg | P | 90.000 deg | P | 90.000 deg |
| R | 0.000 deg | R | 0.000 deg | R | 0.000 deg | R | 0.000 deg |

图 10-56 左侧板位姿

| | | | | | | | |
|---|---|---|---|---|---|---|---|
| X | 410.000 mm | X | -158.000 mm | X | -440.000 mm | X | -604.000 mm |
| Y | 605.000 mm | Y | 601.000 mm | Y | 5950.000 mm | Y | 597.000 mm |
| Z | 2693.000 mm | Z | 2693.000 mm | Z | 50420.000 mm | Z | 5041.000 mm |
| W | 90.000 deg | W | 90.000 deg | W | 90.000 deg | W | 90.000 deg |
| P | -90.000 deg | P | -90.000 deg | P | 90.000 deg | P | 90.000 deg |
| R | 0.000 deg | R | 0.000 deg | R | 0.000 deg | R | 0.000 deg |

图 10-57 右侧板位姿

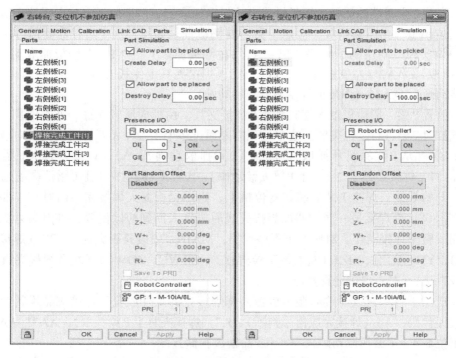

图 10-58 变位机 Parts 仿真参数

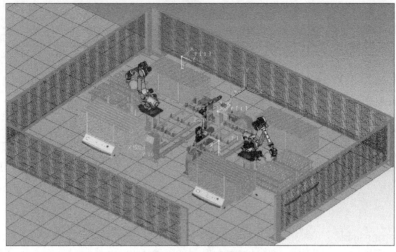

图 10-59　最终效果

## 10.6　任务五：编制机器人工作站程序

### 10.6.1　编程任务描述

多机器人协调工作站要完成的任务流程如下：

（1）初始化　任务过程中，多处涉及码垛、循环、信号判断程序，因此在开始之前，需要初始化数据寄存器、码垛寄存器及 I/O 信号。对应子程序代码：CSH（实现寄存器、信号初始值设定）。

（2）安装 P 梁两端的侧板　抓料机器人从料框抓取侧板后把侧板安装在焊接夹具上的两个侧板定位销上，由电磁铁吸力固定，另一端侧板也是如此。这个过程需要通过多个子程序相互协调实现，对应的子程序代码：A1（右侧板抓取）、AA1（右侧板抓取动画）、A2（左侧板抓取）、AA2（左侧板抓取动画）、A3（焊接夹具上侧板安装）、AA3（焊接夹具右侧板安装动画）、AA33（焊接夹具左侧板安装动画）。

（3）放置 P 梁　搬运机器人把 P 梁放入焊接夹具，由横向压紧气缸、纵向压紧气缸和转角压紧气缸对 P 梁进行定位夹紧。这个过程需要通过多个子程序相互协调实现，对应的子程序代码：A4（从 P 梁垛料台抓取）、AA4（P 梁抓取动画）、A5（焊接夹具上 P 梁安装）、AA51~AA54（焊接夹具工位 1~4 上 P 梁安装动画）、AA55（搬运夹爪上 P 梁消失动画）。

（4）开始焊接　焊接工装安装在变位机上，当焊接机器人焊接完一面时，工件随转盘自动翻转 180°，再焊接另一面，两面焊接完成后机器人回到初始位置，再由搬运机器人取出工件完成整个焊接动作。对应的子程序代码：MAIN（安装是否完成）、CK（焊接夹具复位）、ZH、YH、HJZ1、HZJ（左右侧工位焊接）、ZDWC、ZDWC1（左右焊接夹具转动）、ZDFE、ZDFE1（左右焊接夹具复位）。

（5）成品下料　完成焊接后搬运机器人将焊接完的工件放置于焊接成品垛料台上，对应的子程序代码：A6（焊接完成信号判断）、A7（焊接夹具上 P 梁抓取）、AA71~AA74（焊接夹具工位 1~4 上 P 梁抓取动画）、A8（成品摆放存储）。

另一工位对应程序代码以 B 开头，一一对应，功能相同。为实现上述工作任务，双机器人单工位的工作流程如图 10-60 所示。

　　1）搬运机器人的工作流程如图 10-61 所示。

　　2）焊接机器人工作流程如图 10-62 所示。

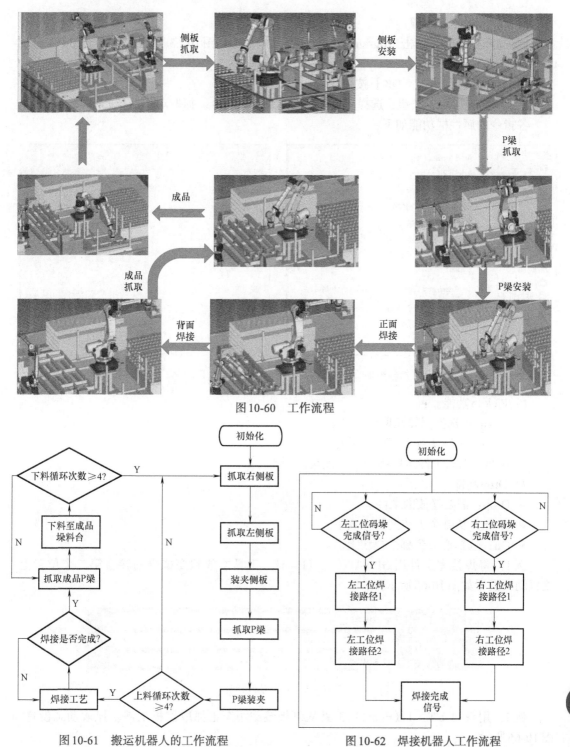

图 10-60　工作流程

图 10-61　搬运机器人的工作流程

图 10-62　焊接机器人工作流程

**10.6.2 程序编程**

ROBOGUIDE中的程序分为仿真运行程序和TP运行程序。

**1. 创建仿真运行程序**

仿真程序的建立步骤：

1）选择机器人，单击Program图标。仿真动画添加如图10-63所示，选择［Add Simulation Program］。

2）重命名后，单击［OK］按钮。

3）再单击［Inst］按钮，选择需要用到的仿真程序指令。抓取动作选择如图10-64所示。各指令的属性框功能如下：

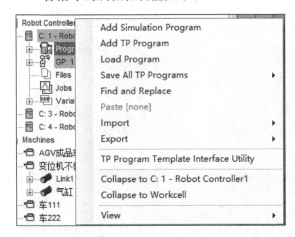

图10-63　仿真动画添加

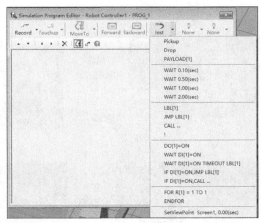

图10-64　抓取动作选择

1）Pickup功能。

➤ Pickup：选择需要抓取的工件。

➤ From：选择从哪个模块上进行抓取。

➤ With：抓取工件运用哪个工装夹具。

2）Drop功能。

➤ Drop：需要摆放的工件。

➤ From：从哪个工装夹具上放下。

➤ On：选择摆放到哪个模块上。

例1：将焊接完工件用GP.1-UT：1（Eoat1）工具摆放到变位机的转台第二个位置上。放置动画设置如图10-65所示。

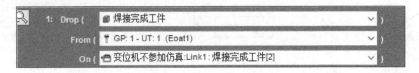

图10-65　放置动画设置

例2：用GP.1-UT：1（Eoat1）工具从侧板装载小车上抓取侧板工件。抓取动画设置如图10-66所示。

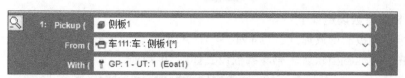

图 10-66 抓取动画设置

## 2. 创建 TP 程序

TP 程序主要分为三种：码垛程序、循环程序、判断程序。

（1）码垛程序创建步骤如下：

1）单击 TP 示教器指令按钮。

2）选择码垛选项 [PALLETIZING-B]，如图 10-67 所示。

3）在图 10-68 中进行码垛名称、码垛类型、码垛寄存器编号、码垛的行列层设置。

4）码垛底部点的示教：根据提示的坐标点进行一一示教，如图 10-69 所示。

5）码垛线路点的示教：选择码垛中的起始点进行接近点、码垛点、回退点示教，如图 10-70 所示。

以 A1（右侧板抓取）程序为例，如图 10-71 所示。

程序各段注释如下：

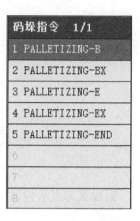

图 10-67 码垛程序创建一

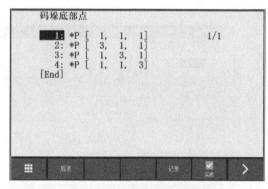

图 10-68 码垛程序创建二

图 10-69 码垛程序创建三

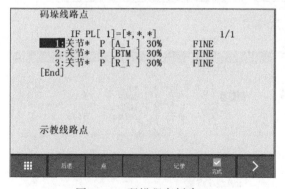

图 10-70 码垛程序创建四

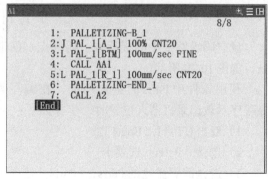

图 10-71 A1 程序

①码垛堆样式与号码；②码垛路线的接近点；③码垛路线的码垛点；④调用抓取仿真动画程序；⑤码垛路线的回退点；⑥码垛结束；⑦调用左侧板抓取程序。

A1程序相关参数设定如下：

侧板小车上侧板的堆放形式：行4列6层1。A1程序需要抓取堆放着的侧板，因此，码垛类型选择拆垛。其他各项默认。码垛参数设置如图10-72所示。

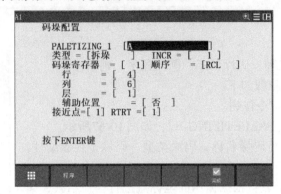

图10-72　码垛参数设置

码垛底部点示教如图10-73所示。

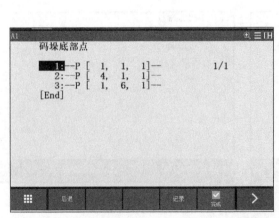

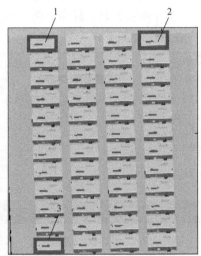

图10-73　码垛底部点示教

设定码垛路线中的接近点、码垛点、回退点，如图10-74所示。

利用软件中Parts的定位功能，在编写码垛程序示教记录机器人位置时，步骤如下：

1）双击UT：1（Eoat1）。

2）选择［Parts］选项卡。

3）选择需要搬运的Parts，［Parts］选项卡如图10-75所示。

4）在右下方的下拉菜单中选择需要定位的具体位置，如图10-76所示。

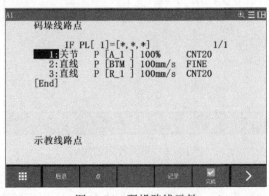

图10-74　码垛路线示教

5）单击图10-75中的［MoveTo］按钮，机器人工具快捷定位到抓取指定工件的位置。

（2）创建循环程序、判断程序 循环程序创建需要的语句：标签语句（LBL［ ］，JMP LBL［ ］；两语句间程序循环运行）；IF语句（根据条件判断动作）。调用程序语句（CALL程序）。

图10-75 ［Parts］选项卡

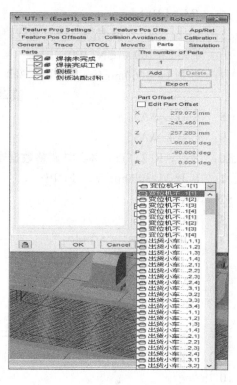

图10-76 下拉菜单中的选择位置

1）焊接机器人MAIN程序，如图10-77所示。

程序中各条语句注释如下：

①HOME点；②等待0.5s；③调用焊接夹具复位程序；④设定标签1（LBL［1］）；⑤判断右工位搬运是否完成，若完成进行右工位焊接工序；⑥判断左工位搬运是否完成，若完成进行左工位焊接工序；⑦跳转到标签1节点，达到实时检测循环的功能。

2）A5程序（根据R［2］数据寄存器数值判断P梁在变位机上的安装工位）如下：

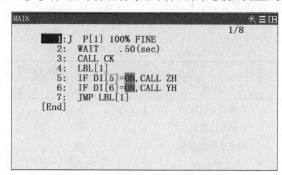

图10-77 焊接机器人MAIN程序

```
 1:  IF R[2]=0,JMP LBL[1];
 2:  IF R[2]=1,JMP LBL[2];
 3:  IF R[2]=2,JMP LBL[3];   %判断数据寄存器R2
                             数值
 4:  JMP LBL[4];
 5:  LBL[1];  %根据数值运行装载路线
 6:  J P[2] 100% CNT100;
 7:  L P[1] 3000mm/sec FINE;   %调取Pick、Drop仿
                             真动画程序
 8:  CALL AA5;
 9:  CALL AA55;
10:  R[2]=R[2]+1;   %实时调整数据寄存器R2
11:  L P[2] 3000mm/sec FINE;
12:  CALL A4;
13:  LBL[2];
14:  J P[4] 100% CNT100;
15:  L P[3] 3000mm/sec FINE;
16:  CALL AA52;
17:  CALL AA55;
18:  R[2]=R[2]+1;
19:L P[4] 3000mm/sec FINE;
20:  CALL A4;
21:  LBL[3];
22:J P[6] 100% CNT100;
23:L P[5] 3000mm/sec FINE;
24:  CALL AA53;
25:  CALL AA55;
26:  R[2]=R[2]+1;
27:L P[6] 3000mm/sec FINE;
28:  CALL A4;
29:  LBL[4];
30:J P[8] 100% CNT100;
31:L P[7] 3000mm/sec FINE;
32:  CALL AA54;
33:  CALL AA55;
34:  R[2]=0;
35:L P[8] 3000mm/sec FINE;
36:  CALL A6;
```

3) 以搬运机器人 A6 程序为例，如图 10-78 所示。

程序中各条语句注释如下：

①回到 HOME 点；②触发焊接开始信号；③等待焊接完成信号；④关闭焊接开始信号；⑤调用 A7 程序。

以上是实际程序中具有代表性的几个，若在实际操作中遇到困难请参照 ROBOGUIDE 素材中程序进行创建。

将搬运机器人的程序划分成两个工位，见表 10-1。

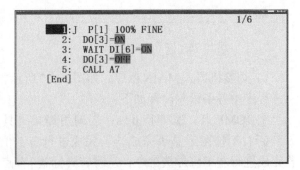

图 10-78　收发焊接信号程序

表 10-1　搬运机器人程序

| R-2000iC/165F-4 | | R-2000iC/165F-5 | |
| --- | --- | --- | --- |
| 程序 | 功能 | 程序 | 功能 |
| A1 | 侧板 1 抓取 | B1 | 侧板 1 抓取 |
| A2 | 侧板 2 抓取 | B2 | 侧板 2 抓取 |
| A3 | 侧板变位机安放 | B3 | 侧板变位机安放 |
| A4 | 工件抓取 | B4 | 工件抓取 |

（续）

| R-2000iC/165F-4 | | R-2000iC/165F-5 | |
|---|---|---|---|
| 程序 | 功能 | 程序 | 功能 |
| A5 | 工件变位机安放 | B5 | 工件变位机安放 |
| A6 | 焊接开始结束信号 | B6 | 焊接开始结束信号 |
| A7 | 工件变位机抓取 | B7 | 工件变位机抓取 |
| A8 | 工件物料台码垛 | B8 | 工件物料台码垛 |
| A9 | 循环 | B9 | 循环 |
| CSH | 初始化 | CSH | 初始化 |
| G | 夹爪关 | G | 夹爪关 |
| K | 夹爪开 | K | 夹爪开 |
| MAIN | 主程序 | MAIN | 主程序 |
| MD | 码垛程序 | MD | 码垛程序 |
| AA1 | 侧板1抓取动画 | BB1 | 侧板1抓取动画 |
| AA2 | 侧板2抓取动画 | BB2 | 侧板2抓取动画 |
| AA3 | 侧板1安放动画 | BB3 | 侧板1安放动画 |
| AA33 | 侧板2安放动画 | BB33 | 侧板2安放动画 |
| AA4 | 工件抓取动画 | BB4 | 工件抓取动画 |
| AA5-AA55 | 工件安放动画 | BB5-BB55 | 工件安放动画 |
| AA7-AA74 | 焊接后工件抓取动画 | BB7-BB74 | 焊接后工件抓取动画 |
| AA8 | 焊接后工件物料台放置 | BB8 | 焊接后工件物料台放置 |

焊接机器人程序见表10-2。

表10-2 焊接机器人程序

| M-10iA/8L | |
|---|---|
| 程序 | 功能 |
| HJZ | 焊接路径1 |
| HJZ1 | 焊接路径2 |
| MAIN | 主程序 |
| ZDFW | 右变位机复位 |
| ZDWC | 右变位机转动 |
| ZDFW1 | 左变位机复位 |
| ZDWC1 | 左变位机转动 |
| YH | 右工位焊接程序 |
| ZH | 左工位焊接程序 |
| HOME | 安全点 |
| ZQGSJ1 | 左转台升降气缸复位 |

（续）

| M-10iA/8L | |
|---|---|
| 程序 | 功能 |
| ZQGSJ2 | 左转台升降气缸运动 |
| YQGSJ1 | 右转台升降气缸复位 |
| YQGSJ2 | 右转台升降气缸运动 |
| ZQG1 | 左转台横向气缸复位 |
| ZQG2 | 左转台横向气缸运动 |
| YQZ1 | 右转台横向气缸复位 |
| YQZ2 | 右转台横向气缸运动 |

硬件接口、寄存器、信号的分类设置见表10-3。

表10-3 硬件接口、寄存器、信号的分类设置

| 名称 | | 初始数值 | 名称 | | 初始数值 |
|---|---|---|---|---|---|
| 搬运机器人 | DO[1]手爪信号 | ON | 搬运机器人 | DI[4]手爪开信号 | ON |
| | DO[2]手爪信号 | ON | | DI[2]手爪开信号 | ON |
| | DO[3]辅助信号 | OFF | | DI[1]手爪关信号 | OFF |
| | PL1左侧板码垛寄存器 | [1,1,1] | | DI[3]手爪关信号 | OFF |
| | PL2右侧板码垛寄存器 | [1,1,1] | 焊接机器人 | DI[6]右焊接开始信号 | OFF |
| | PL3 P梁码垛寄存器 | [1,17,6] | | DI[5]左焊接开始信号 | OFF |
| | PL4焊接成品码垛寄存器 | [1,1,1] | | DO[2]左转盘 | OFF |
| | R[1] | 0 | | DI[3]180° | OFF |
| | R[2] | 0 | | DI[4]0° | ON |
| | R[3] | 0 | | DO[3]右转盘 | OFF |
| | R[4] | 0 | | DI[1]180° | OFF |
| | DI[6]焊接完成信号 | OFF | | DI[2]0° | ON |

在设置好各信号、寄存器后，可以按照开始时的任务流程进行程序编写。通过程序的调试，通过单步运行一步步地检验每行语句的正确性。

## 10.7 任务六：工作站仿真程序及测试

经过单步运行的测试之后，同学们就可进行软件中的自动运行的测试。首先单击 按钮，打开TP，再单击 按钮打开仿真界面，在仿真测试过程中， 通过TP可以检测程序运行到哪一步，并且实时地检测机器人的运行状态。仿真测试属性框如图10-79所示。

如果运行过程中某条指令发生错误，可以返回重新编写。多机器人协同工业机器人工作站的仿真到此为止，学习过程中如有疑问，可参考给定的素材。

图 10-79 仿真测试属性框

## 10.8 思考与练习

（1）根据提供的 SoildWorks 装配图素材（扫描图 10-1 所示二维码获得）和所学知识，对装配图进行拆解，并建立多机器人协同仿真工作站（ROBOGUIDE 素材扫描图 10-2 所示二维码获取）。

（2）根据章节的例子完成工作站整体布局的相关参数的设置。

（3）熟练掌握数值、位置寄存器的使用方法。

（4）熟练掌握 TP 程序、仿真程序的混合使用方法。

# 参 考 文 献

[1] 龚仲华. FANUC工业机器人从入门到精通 [M]. 北京：化学工业出版社，2021.

[2] 工控帮教研组. FANUC工业机器人虚拟仿真教程 [M]. 北京：电子工业出版社，2021.

[3] 胡金华，孟庆波，程文峰. FANUC工业机器人系统集成与应用 [M]. 北京：机械工业出版社，2021.

[4] 左立浩，徐忠想，康亚鹏，等. 工业机器人虚拟仿真应用教程 [M]. 北京：机械工业出版社，2019.

[5] 张玲玲，姜凯. FANUC工业机器人仿真与离线编程 [M]. 北京：电子工业出版社，2019.

[6] 张明文. 工业机器人离线编程与仿真：FANUC机器人 [M]. 北京：人民邮电出版社，2020.

[7] 黄维，余攀峰. FANUC工业机器人离线编程与应用 [M]. 北京：机械工业出版社，2020.

[8] 刘小波. 工业机器人技术基础 [M]. 北京：机械工业出版社，2019.

[9] 兰虎. 工业机器人技术及应用 [M]. 北京：机械工业出版社，2014.

[10] 刘极峰，丁继斌. 机器人技术基础 [M]. 2版. 北京：高等教育出版社，2012.

[11] 蔡自兴，谢斌. 机器人学 [M]. 3版. 北京：清华大学出版社，2015.

[12] 宋伟刚，柳洪义. 机器人技术基础 [M]. 2版. 北京：冶金工业出版社，2015.

[13] 张明文. 工业机器人基础与应用 [M]. 北京：机械工业出版社，2018.

[14] 陈南江，郭炳宇，林燕文. 工业机器人离线编程与仿真：ROBOGUIDE [M]. 北京：人民邮电出版社，2018.

[15] 智造云科技，徐忠想，康亚鹏，等. 工业机器人应用技术入门 [M]. 北京：机械工业出版社，2017.

[16] 熊有伦. 机器人技术基础 [M]. 武汉：华中理工大学出版社，1996.

[17] 孟庆鑫，王晓东. 机器人技术基础 [M]. 哈尔滨：哈尔滨工业大学出版社，2006.

[18] 黄俊杰，张元良，闫勇刚. 机器人技术基础 [M]. 武汉：华中科技大学出版社，2018.

[19] 杨润贤，曾小波. 工业机器人技术基础 [M]. 北京：化学工业出版社，2018.

[20] 伊洪良. 工业机器人应用基础 [M]. 北京：机械工业出版社，2018.